Tagebuch eines Neuanfangs 2

Abbildung 1

kfz-tech.de/PMo11

Verborgene Gefahr

Train-Simulator

kfz-tech.de/YM24

kfz-tech.de/YM25

Inhalt

◻|| Geschichte

Abbildung 2

kfz-tech.de/YMo50

Verrückt, zu versuchen, sich angesichts DCC an die Anfänge zu erinnern. Das Buch 'The Digitrax Big Book of DCC' beginnt ganz früh mit der Modellbahn aus Holz: 'When you pulled the string, the train moved. When you stopped pulling the string, the train stopped. The harder you pulled the string, the faster the train moved.'

Das Buch berichtet weiter, dass Mitte des 19. Jahrhunderts aufziehbare oder durch Dampf angetriebene Loks keineswegs immer nur in eine Richtung fahren können. Ein gewisser Automatismus ist sogar möglich, wenn er durch Nocken an den Gleisen zum Anhalten oder gar Umkehrung der Fahrtrichtung gebracht werden kann.

Ebenso mechanisch ist es am letzten Wagen eines Zuges nach dessen Passieren möglich, eine Weiche umzustellen, was zu einem gewissen Automatismus führt. Das Ganze natürlich nur so lange, wie die Federkraft oder der Dampfdruck reicht. Das zu den Operationen notwendige Speichern der Energie im Innern der Lok ist halt noch nicht von außen steuerbar.

Zu Beginn des 20. Jahrhunderts zieht die Elektrik bei den Modellbahnen ein, für längere Zeit noch in Form von Batterien. Und nachdem die Spurweite verschiedener Hersteller angeglichen und andere Inkompatibilitäten behoben sind, kann man bestimmte Operationen der Vorbilder gut abbilden. Weichen und Signale bleiben aber mechanisch, die Fortbewegung der Züge jedoch vollständig von außen steuerbar.

Natürlich ist die Dauer der Spielfreude begrenzt, lange Züge auch durch die hohen Preise der bedruckten Metallwagen und die geringe Größe der meist nur zu besonderen Gelegenheiten aufgebauten Anlagen kaum möglich. In Ländern mit extra langen Zügen leidet man besonders auch unter der Tatsache, nicht so leicht zwei gleichmäßig arbeitende Lokomotiven hintereinander spannen zu können und die doppelte Zugkraft zu erreichen.

Es folgt dann doch die Wandlung von Spielzeug zu Modellbahnen. Erste größere Anlagen mit realistischeren Szenarien werden mit den nunmehr elektrisch betriebenen Bahnen möglich. Allerdings bezogen sich gewisse ausführbare Manöver immer nur auf bestimmte Teile der Anlagen. Eine Gesamtsteuerung gab es in dem Sinne noch nicht.

Die bei den Anfängen mit Batteriebetrieb noch primitiven Einstell-Möglichkeiten z.B. der Fahrgeschwindigkeit werden bei fortschrittlicheren Herstellern durch solche mit Transistoren ersetzt. So kann z.B. ein realistischeres Bremsen und Wiederanfahren der Züge erreicht werden. Weichen und Signale werden elektrisch gesteuert, letztere mit Zugbeeinflussung.

Auf der Anlage wird nunmehr eine Art Fahrdienstleiter/in nötig. Und dann ändert sich über Jahrzehnte nicht mehr viel. Durch drei Leiter plus Oberleitung können nun drei Züge je Gleis unabhängig voneinander gesteuert werden, aber Fleischmann und Märklin bleiben bei zweipoligen Gleisen. Letztere ersetzen den durchgehenden Mittelleiter durch Punktkontakte.

Eigentlich erst die 80er des vorigen Jahrhunderts bringen die Digitalelektronik in die Modellbahn. Schon vorher hat es eine Menge Elektronik in Modellbahnen gegeben, als einfachstes Beispiel vielleicht die weiß-rote Umschaltung der Außenleuchten. Typisch für die Zeit davor ist die

Menge an Kabeln, die durch die konsequente Nutzung des Digitalen deutlich reduziert werden kann.

Anfangs steht der möglichst frühe Einsatz im Gegensatz zu einer Einigung auf gemeinsame Standards. Das geschieht erst später, wodurch manche zu früh erworbene Steuerung und Decodierung trotz hoher Kosten rasch zum alten Eisen wird. Heute ist das alles einigermaßen geregelt, hat sogar durch kompatible Erweiterungen einen gewaltigen Schritt nach vorn getan.

Abbildung 3

kfz-tech.de/YMo51

◨▥ Beinahe schiefgelaufen

Abbildung 4

kfz-tech.de/PM23

Da wird bei Ebay eine BR 215 angeboten. Wo wir doch so wenig Dieselloks haben, außer einer eigentlich für unsere Epochen veralteten V 63 und der V 100 die überall in Massen vorkommende V 200. Da käme so ein Modell gerade recht.

Zumal es unsere Lieblingskonstruktion für den Antrieb hat, nämlich Mittelmotor mit Kardanwellen zu je zwei angetriebenen Achsen vorn und hinten. Bei so viel Zugkraft sind die vier Haftreifen noch fast zu viel.

Aber wirklich jedes Rad liefert über Schleifer den Strom nach innen, also eine bestmögliche Stromversorgung. Was uns dazu gebracht hat, genau hier den Fehler der Lok zu vermuten, bleibt zumindest befremdlich.

Sie ahnen schon, das Teil wurde als 'Ersatzteil/defekt' für 24,50 € inklusive Versand angeboten. Man hätte gewarnt sein müssen, denn das zugehörige Bild zeigte Gehäuse und Unterbau getrennt.

Haha, die Lichtfunktion wurde als defekt gemeldet. Als wenn uns das stören könnte, wo wir doch grundsätzlich weiß/rote LEDs einbauen werden. Aber dann ein Satz, der uns hätte aufhorchen lassen müssen.

'Motor läuft beim direkten Anhalten von Stromkabel.' Schlau, wie wir nun einmal sind, hatten wir auf einen Defekt in der Stromversorgung zwischen Rädern und Motor geschlossen.

Als die Lok hier ankam, berührte auch prompt ein Schleifer ein Rad nicht von hinten, sondern war irgendwie halb nach vorn eingeklemmt. Natürlich die Achse ausgebaut und den Schleifer richtig angelehnt.

Und dann ohne Gehäuse auf die Prüfstrecke. Allein, der Motor mühte sich redlich, aber die Lok bewegte sich nicht. Eine Situation, die einem schon einmal die Siegeslaune gründlich verderben kann.

Jetzt müssen wir hier eine Pause machen für eine andere Geschichte. Denn zufällig waren uns zuvor zwei Drehgestelle in die Hände gefallen, die wir für einen vergleichsweise hohen Preis ersteigerten.

Es ist ein alter Traum von uns, dem Bau einer kompletten Lok oder eines kompletten Zuges näher zu kommen. Weil es dazu bisher zu wenig Ansätze gab, haben wir auch recht wenig 3D-gedruckt.

An unserem Doppelstockwagen zu arbeiten und diesen mit bedruckter Folie zu bekleben, scheint uns im Moment nicht so günstig. Wir würden uns lieber an kleinen, aber feinen Teilen erproben.

Bis wir so fit in der Bedienung unseres CAD-Programms sind, dass die großen Teile kein Problem mehr darstellen. So würde dann auch weniger Filament verbraucht. Es macht uns einfach keinen Spaß, Versuchsobjekte zu entsorgen.

Und wenn es denn unvermeidlich ist, dann lieber sehr kleine mit wenig Verlust an Filament. Also war der Kauf der beiden Drehgestelle mit Getrieben eigentlich als Beginn von Selbstbau gedacht.

Einen japanischen kleinen Motor mit zwei Ausgängen kaufen und irgendwie zwei Kardanwellen mit entsprechenden Hülsen vom Motor zu den Drehgestellen konstruieren und drucken.

Abbildung 5

kfz-tech.de/PM24

Von den Drehgestellen sind wird dann auch zu der Lok gekommen, die letztlich sogar 0,5 € billiger war. Aber das passiert oft. Hat man gerade gekauft, findet man garantiert eine noch billigere Lösung.

Wäre es aber gar nicht gewesen, denn genau die Drehgestelle erwiesen sich bei der Lok als defekt. Und nicht nur, dass die Antriebsmuffe auf der Eingangswelle lose gewesen wäre.

Abbildung 6

kfz-tech.de/PM25

Nein, wenn Sie sich das geöffnete Getriebe einmal genau anschauen, dann ist die Schnecke ganz oben so verschlissen, dass sie nicht mehr in das Zahnrad darunter greift.

Erstaunlich genug, in den von uns zugekauften Drehgestellen ist diese Schnecke aus Messing. Da haben wir also das Problem. Was würden wir wohl jetzt ohne die beiden im Neuzustand Befindlichen tun?

kfz-tech.de/PM26

Warten, dass solche noch einmal irgendwo angeboten würden. Kann ewig dauern. Jedenfalls ist die Lok für insgesamt 49,50 € wieder fahrbereit. Hätte in die Hose gehen können, oder?

Nein, die Geschichte ist hier noch nicht zu Ende, denn jetzt ist erst recht unser Ehrgeiz erwacht. Wären nicht nur eine neue Schnecke und eventuell neue Zahnräder mit unserem 3D-Drucker realisierbar?

Immerhin könnten wir unseren Druckkopf mit 0,2 mm Düsendurchmesser nehmen und das mit wesentlich mehr Hitze zu verarbeitende ABS-Filament. Das könnte vielleicht der Belastung standhalten.

Pläne, Pläne, Pläne, aber die zehnte zugstarke Lok läuft immerhin einwandfrei. Zugegeben, etwas Glück beim Einkauf war dabei. Beinahe wäre es schiefgelaufen. Also etwas mehr Vorsicht beim Kauf defekter Teile, bitte.

Inzwischen haben wir bei unserem CAD-Programm Creo sogar die Beschreibung einer Möglichkeit entdeckt, eine Kombination von Schnecke zu Zahnrad direkt vom Programm erstellen zu lassen.

Abbildung 7

kfz-tech.de/YM215

▢|| Pläne

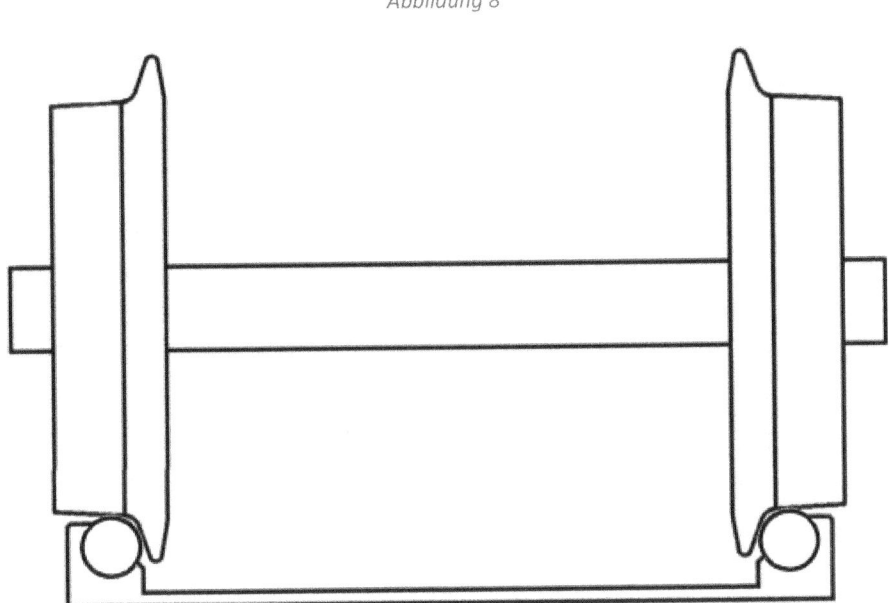

Abbildung 8

Das hier soll ein Überblick werden über Projekte, die bisher alle nur angedacht sind. Keins davon ist auch nur annähernd fertig. Wer also Spaß an Daniel Düsentrieb hat und gerne Unvollendetes liest, der kann hier weiterlesen, alle Realisten und vermutlich Skeptiker, besonders notorische, eher nicht.

Wir sind ja selbst skeptisch, ob sich das alles so realisieren lässt, wie wir uns das vorstellen. Da ist z.B. das Chassis einer V36 übrig. Komplettiert und ein weiteres dazu könnte einen kleinen Traum wahr werden lassen, nämlich mit Hilfe von 3D-gedruckten Aufbauten eine Art Krokodil. Das ist die Bezeichnung für eine besondere alte E-Lok (Video unten).

Überzeugt Sie nicht, weil nicht ganz dem Original entsprechend, dann ist gewiss die nächste Idee für Sie die richtige, nämlich möglichst viele Loks mit Motor auf dem einen Drehgestell mit einem weiteren angetriebenen zu versorgen. In der Mitte ist dann vielleicht gerade noch Platz für den Lokdecoder.

15

Wenn sie selbst diese Idee für spinnert halten, dann gefällt Ihnen die nächste garantiert nicht. Es geht nämlich darum, dass Antriebe von Lokomotiven oft teurer sind als komplette zum Basteln, die solche enthalten. Anders herum kann man zumindest Trix Motoren zu unglaublich günstigen Preisen erstehen.

Es fehlen also im Prinzip die Getriebe dazu. Jetzt haben wir unten einmal ein solches abgebildet. Bitte erschrecken Sie angesichts der vielen Zahnräder nicht, denn die sind außer der Schnecke leicht in zwei gleiche Gruppen einzuteilen. Der (verwegene) Plan: Möglichst komplett nachbauen.

Abbildung 9

Das größte Problem scheint dabei die Messung zu sein. Als Lösung böte es sich an, wie schon für das Bild oben geschehen, das gesamte Getriebe zu fotografieren, und zwar so groß wie eben möglich. Dann bestimmt man eine Größe real, die man leicht ermitteln kann, z.B. die Länge mit dem Messschieber.

Jetzt heißt es umrechnen, jeweils von Pixel nach Millimeter. Man kann in einem Paint-Programm auch Längen direkt bestimmen, aber genauer geht das mit Pixeln. Natürlich geht das auch mit den Durchmessern und Abständen der fest eingegossenen Wellen und mit einzelnen Zahnrädern, nachdem sie gesäubert und noch größer aufgenommen wurden.

Bitte beachten Sie hier eine gewisse Schrägstellung, die sich durch die Schnecke oben ergibt und das gesamte Getriebe durchzieht. Aber auch eine Schräge kann man exakt bestimmen, z.B. 35 Pixel zur Seite und 3 Pixel nach oben auf einem Blatt mit Rechenhäuschen nachzeichnen und den sich ergebenden Winkel messen.

Je nach der Güte des CAD-Programms kann man die gescannte Darstellung sogar einer Ebene unterlegen und dann z.B. die Kurve der Zahnradflanke exakt bestimmen bzw. direkt drüberlegen. Gibt man der noch flächigen Zeichnung eine Tiefe und vervielfältigt die Zahnlagerungen, ist man, bis auf die Schräge, schon fast am Ziel.

So und jetzt zum eigentlichen Hauptthema dieses Kapitels. Denn die Not ist groß und der Geldbeutel knapp. Es wird angesichts der Inflation noch immer schlimmer. Wir haben im ersten Buch großzügige Schattenbahnhöfe geplant und brauchen die auch, weil z.B. auch durch den geplanten Selbstbau immer mehr hinzukommt.

Jetzt fehlen auf einmal die Schienen, und zwar nicht wenige, wobei 100 Euro selbst für gebrauchte nur ein Tropfen auf den heißen Stein wären. Weiterhin hatten wir uns schon bei der Planung der Schattenbahnhöfe Gedanken über die unbedingt nötige, möglichst reibungslos funktionierende Kontaktaufnahme der Züge gemacht.

Also links und rechts daneben blanker Kupferdraht und jeden Schienenverbinder damit verlöten. Da liegt der Gedanke nicht fern, diesen Draht direkt als Schiene zu verwenden, schließlich sieht es ja niemand, ist ja ein Schattenbahnhof. Man braucht auch unglaublich viel Gleismaterial, wenn man seine Züge nicht dauernd aus der Vitrine nehmen und aufgleisen will.

Welchen Kupferdraht nehmen? Roh von der Rolle ist der fast so teuer, da kann man auch gebrauchte Schienen nehmen. Aber es gibt Bauherren und -frauen, die haben zu viel für geplante Hausinstallationen gekauft. Aktuell bietet jemand 60 Meter 3 x 2,5 mm² an für 60 Euro plus Versand an, was 90 Meter Schiene ergäbe.

Umgerechnet ergäben 2,5 mm² Querschnittsfläche einen Durchmesser und damit eine Schienenhöhe von etwa 1,8 mm. Das reicht, denn der Überstand des Lochkranzes beträgt nur ca. 1 mm. Und wie soll die neue Schiene befestigt werden? Nein, nicht durch Anlöten von Befestigungsteilen. Viel zu viel Aufwand.

Ganz oben sehen Sie es. Man müsste Schwellen in 3D-drucken, die sich mit dem Kupferdraht so verbinden, dass von innen und oben der einwandfreie Lauf der Räder nicht behindert wird, aber sie andererseits den Draht über mehr als der Hälfte umfassen, damit er eingeclipst werden kann.

Neigt der Draht zu viel Abweichung von einer Geraden, braucht man eben mehr Schwellen, ist er stabil und gerade genug, weniger. Sieht ja niemand. Aber dann kommt das Erwachen, denn es gibt den Draht nur mit diesen enormen Kunststoff-Umhüllungen. Blank ohne alles ist er wesentlich teurer.

Wir wollen z.B. mit einer Unterbrechung als Kontaktgeber statt Reed-Relais arbeiten. Da könnten die Schwellen für die Aufnahme eines kurzen Kupferstücks entsprechend breiter sein. Überhaupt könnte man bis zu fünf Schienen nebeneinander zusammenfassen und damit für absolut gleiche Abstände sorgen. Vielleicht könnte man hier sogar noch ein paar Millimeter einsparen.

Überhaupt ist die Frage, ob man nicht die Kurven miterfasst, um das gesamte Bild noch harmonischer zu gestalten. Wir fahren ja nur in eine Richtung, würden also hinter den Einfahrweichen umstellen. Da die Ausfahrweichen keine Zungen bräuchten, weil auch nicht rückwärtsgefahren wird, könnten wir die vielleicht selbst bauen.

> Es wären noch weniger als 4,5 cm Abstand zwischen den Zügen möglich, allerdings würde deren 'Rettung' schwieriger.

Da ist die Idee schon fast verworfen, denn so viel Kunststoff entsorgen, um daraus den Draht zu gewinnen ist nicht gerade umweltfreundlich. Und dann die rettende Idee der Wiederverwendung. Sie werden es kaum glauben, was der einzige übrig gebliebene Injektor eines Kfz-Reparateurs mit der Entsorgung von neuwertigen Kunststoff-Umhüllungen zu tun hat.

Abbildung 10

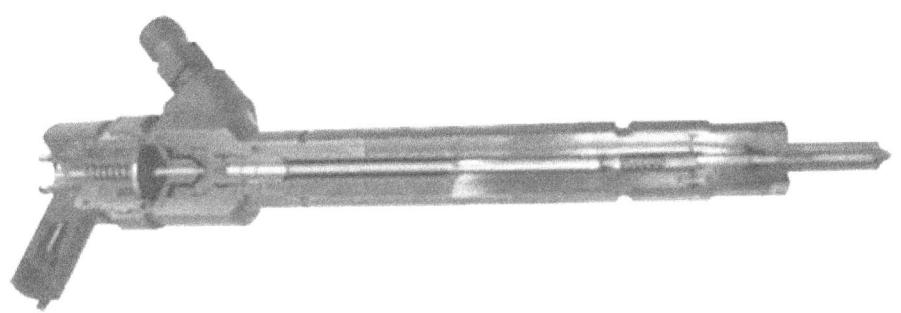

Hört sich eigentlich ganz einfach an, aber wird eine Herausforderung. Den Injektor ausräumen und hoffentlich einen Bohrer finden, der genau hineinpasst. Große Bohrmaschine dran, Heizspirale drum und Einfülltrichter mit entsprechender Öffnung oben drauf. Am Ende mit zunächst etwas weniger als 1,75 mm aufbohren und Versuche mit verschiedenen Strom-Einstellungen durchführen.

Bei unserer derzeitigen Arbeitsbelastung wird das noch etwas dauern, bis wir dieses Projekt angehen. Wir werden auch darüber berichten, auch woran es gelegen hat, wenn es schiefgeht. Versprochen.

Abbildung 11

kfz-tech.de/YM216

Krokodil

Abbildung 12

kfz-tech.de/PM27

Wie entsteht ein Krokodil? Natürlich kann man es kaufen, aber es ist ganz schön teuer. Aber haben wollen wir es trotzdem, denn es gehört eigentlich auf jede Anlage, auf unsere auch, war es doch so lange im Dienst. Nein, an ein Schweizer Krokodil ist gar nicht zu denken, passt dann auch wieder nicht auf die Anlage.

Sie merken schon, uns schwebt eine Art Selbstbau vor, natürlich wieder auf die möglichst komplizierteste Art der Welt, aber günstig. Nein, Sammlerwert wird es allenfalls als Kuriosität haben, aber, wenn es dereinst einmal vernünftig und auch noch längere Züge zieht, soll die Sache als erfolgreich abgehakt gelten.

Den Beginn macht ein Verkäufer, der die obigen 27 verschiedenen Zahnradsätze für 26,50 € anbot. Allerdings kamen noch 6,90 € Fracht drauf. Um dieses Angebot sind wir herumgeschlichen. Wir haben erst zugeschlagen, als uns eine andere Tour zufällig am Ort des Verkäufers vorbeiführte. Denn ohne das Porto schien es uns nun machbar.

Abbildung 13

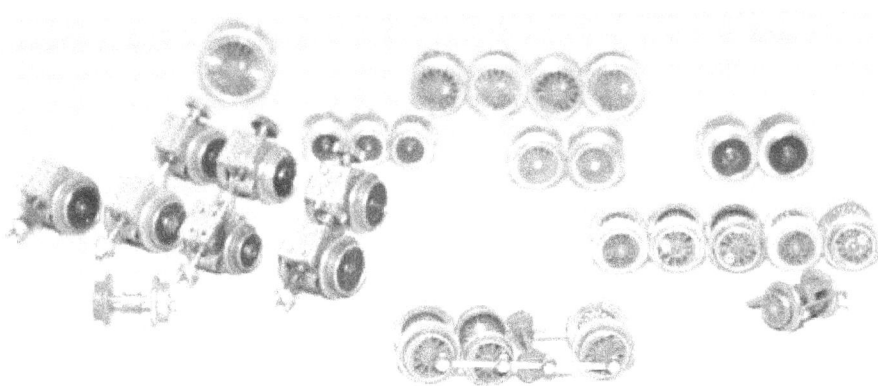

Der zusätzliche Weg entpuppte sich dann als recht umständlich. Irgendwann waren wir in einer Einbahnstraße etwas zu weit gefahren und haben verbotenerweise zurückgesetzt, der Verkäufer hingegen sehr freundlich.

Trotz nur noch begrenzter Zeit hat er es geschafft, diese Tasche mit weiteren Zahnrädern für nur 20 € anzubieten und die zu viel überwiesenen 6,90 € Porto gabs noch obendrauf.

Abbildung 14

Zu Hause die Schätze sondiert. Was macht man mit so unglaublich vielen Zahnradsätzen? Natürlich war der erste Gedanken, einmotorige Loks auf zwei Motoren umzustellen, leicht zu realisieren angesichts verschiedener, noch vorhandener Motoren. Aber selbst dafür war es zu viel Zeug. Es musste eine Kombination geben mit etwas, was wir schon hatten.

Z.B. drei BR 80 mit zusätzlich drei Bastlermotoren, von denen wir einen gerettet, einen weiteren vielleicht und einen dritten ausgeschlachtet haben. Und immer schon die Sehnsucht nach einem Krokodil im Hinterkopf. Sie werden es nicht glauben, aber die zwei einstmals billigen BR 80 passen bis auf eine Kleinigkeit gut mit einem Krokodil (E 94) zusammen.

Mehr als eine BR 80 passt ohnehin nicht zu der Anlage, also eher die teurere mit dem großen Motor. Bleiben die beiden kleineren, jeweils mit den weit hinten liegenden Motoren nebeneinandergestellt. Das ergibt zwei Drehgestelle und die Motoren passen gerade so und das Hauptgehäuse eines Krokodils (E 94). Hoffentlich reicht der Platz für die Schwenkbewegungen in engen Kurven.

Aber das war noch nicht alles. Denn wie vom Zufall gelenkt, bietet unser in letzter Zeit favorisierter Anbieter, weil kein Porto verlangend, das Hauptgehäuse einer E 94 (Bild ganz oben) für schlappe 5 € an. Es hat einen Nachteil, ist an einer Ecke gebrochen, aber zum Vermessen für den 3D-

Druck hervorragend geeignet. Hinzu kommt noch eine Haube, die leider unverletzt für 7 €.

Der Kauf der Haube wäre eigentlich nicht nötig gewesen. Wir haben genügend Fotomaterial und hätten die Maße von dem Hauptgehäuse aus erschließen können.

Abbildung 15

Wir sind hoffentlich noch immer weit von dem Preis für eine gebrauchte E 94 entfernt. Dann kommt das kleine Paket hier an und der Bruch im Gehäuse sieht so aus, dass wir versuchen, mit 2-Komponenten-Kleber und einem Tag Belastung zu kleben. Es ist ein sehr filigraner Druckguss und eigentlich zu schade, um es wegzuwerfen. Wenn wir nur die gleiche Farbe für das Vorder- und Hinterteil hinkriegen.

Abbildung 16

kfz-tech.de/PM28

Hier sehen Sie die demontierte BR 80. Denkt man sich das zweite Chassis umgedreht links daneben, beide jeweils bis zum Motor hin gekürzt. Dann müssten zumindest diese in das Gehäuse passen. Es blieben sogar die Puffer und Kupplungen auf beiden Außenseiten erhalten. Sogar die unteren beiden Leuchtstäbe mit Lampen könnten irgendwie übernommen werden.

Und wo ist der Pferdefuß? Die etwas größeren Räder der E 94 könnten wir einfach durch die Verkleidung derselben ignorieren, nicht aber die ungleichen Achsabstände. Wenn man sich auf den Standpunkt stellt, den äußeren Achsen eine neue Lagerung ohne Antrieb zu geben, ist das möglich, schließlich sind ja noch vier angetriebene Achsen vorhanden.

Aber es treibt uns der Ehrgeiz und schließlich haben wir noch nichts aus der riesigen Menge von Radsätzen gebraucht. Wir kriegt man ein größeres Verbindungszahnrad als das vorhandene zu den äußeren Achsen hin? Eine genaue Untersuchung der einzelnen Zahnräder offenbart, dass es Zahnräder mit fest integriertem Zahnrad gibt, aber auch welche, bei denen dieses separat mit der Welle verbunden ist.

Abbildung 17

Hier ein Beispiel aus dem frisch erstandenen Konvolut. Links die komplette angetriebene Achse, rechts ohne die beiden großen Räder. Was übrig bleibt, ist ein Zahnrad auf einer Welle, deutlich größer als die normalen Zwischenräder der BR 80.

Nein, es ist nicht die Lösung des Problems, weil das oben dargestellte Zahnrad bei etwa gleichem Durchmesser deutlich mehr Zähne hat als das am Rad der BR 80. Andererseits lässt sich dieses vom Rad nicht trennen. Würde man das Rad selbst auf der Drehmaschine abdrehen, wäre auch die Führung auf der Achse weg.

Wir sind schon weit gekommen und bestimmt fällt uns dazu auch noch eine Lösung ein, notfalls eben ohne Antrieb.

▨▥ 3D-CAD 1

Abbildung 18

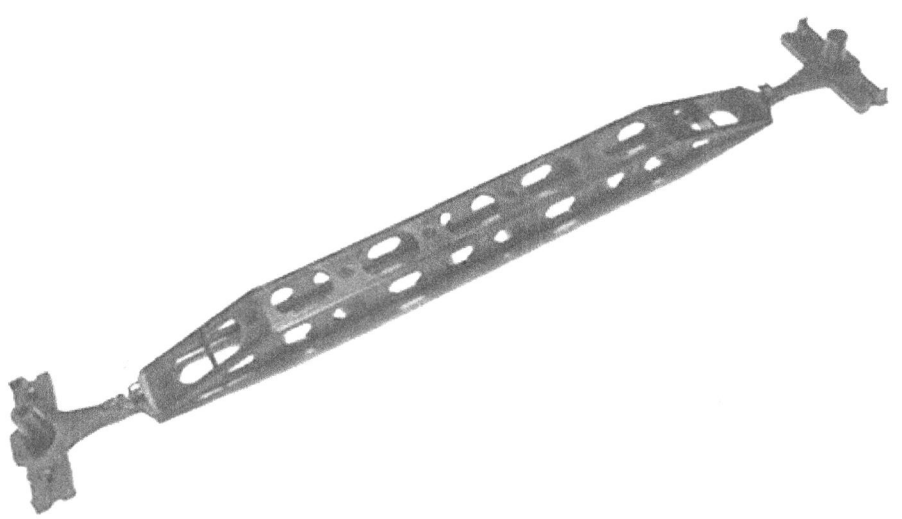

Jetzt schauen Sie sich dieses Teil oben an. Es gehört zu einem der Waggons einer Serie zum fast gleichzeitigen Jubiläum von Opel und der Jahrtausendwende. Mit 14 von ihnen ist es vollständig und damit doch schon von einem gewissen Wert, wenn man bedenkt, was für einzelne Waggons aus diesem Konvolut verlangt wird.

Ach ja, 'Konvolut' darf man ja nicht mehr sagen, weil der Begriff eigentlich für Schriftstücke reserviert ist. Wir haben diese Sammlung im Prinzip nur erworben, um die ganzen Bilder auf den Containern, jeweils drei pro Waggon, zu fotografieren und die Wagen selbst zu vermessen. Und dann das hier.

Da waren zwei verschiedene Sätze von Kupplungen dabei, aber keiner vollständig. Also haben wir hinzugekauft und diese so ausgetauscht, dass alle gleich sind. Dabei ist es passiert, ein schmaler Hals am Untergestell eines Waggons ist gebrochen. Wir haben die Stelle zwar geklebt, aber so kann man das doch niemandem anbieten.

Ein Plan muss her, wenn wir unser Angebot bis Weihnachten parat haben wollen, denn dann ist unserer Meinung nach die beste Zeit. Mit dem Geld kaufen wir dann irgendwann einen anderen Traum ein, analysieren, vermessen und fotografieren den, um ihn ebenfalls nachzubauen.

Und wenn wir ohnehin so etwas vorhaben, die Teile nicht in originalen Verpackungen und Vitrinen auf evtl. Wertsteigerungen warten lassen zu wollen, so können wir an diesem Projekt schon einmal üben, obwohl es dafür reichlich ungeeignet ist, denn kritische Augen werden den Waggon entdecken und uns um die Ohren hauen, wenn es nicht gut gemacht ist.

Lange Vorrede, kurzer Sinn, unser 3D-CAD muss hier eingesetzt werden. Zusammen mit einem Messschieber sollte, nein, muss es uns gelingen, im Computer eine Vorstellung von diesem Teil zu erzeugen. Eine Möglichkeit, das zu lernen, ist es, der sehr sympathischen Art von UniCAD zu folgen, wo in mehreren Videos ein Kurs zu Einführung in Creo angeboten wird.

Wir starten also Creo . . .

Wenn nicht vorher schon geschehen, legt man spätestens jetzt über das Menü oben ein Arbeitsverzeichnis an, entweder unter 'PTC' oder, wie wir, direkt unter 'PTC-Arbeitsverzeichnis' als 'Opelwagen01'. Dann unter 'Datei' auf 'Neu' wird das zu erstellende Teil 'Unterkonstruktion' genannt. Dann wählen wir die Ebene, in der wir die Skizze erstellen wollen.

Wichtig für den späteren 3D-Druck ist, das Teil auf eine möglichst ebene Seite zu legen, so wie wir es im Bild oben getan haben. Um uns die Sache etwas einfacher zu machen, beginnen wir mit dem zu beiden Seiten sich verjüngenden Bauteil in der Mitte und gehen dazu unter 'Ansicht' auf 'Zugverbund'.

Das Menü oben wechselt jetzt und wir wählen 'Referenzen', um damit eine 'Leitkurve' zu crstellen. Nicht vergessen, nach dieser Wahl auf das 'x' zu klicken. Erst jetzt erscheint das gewohnte Menü wieder und wir gehen dort auf 'Skizze'. Es wird ein Fenster geöffnet, in dem wir ebenfalls auf 'Skizze' klicken, wenn wir eine Ebene ausgewählt haben.

Abbildung 19

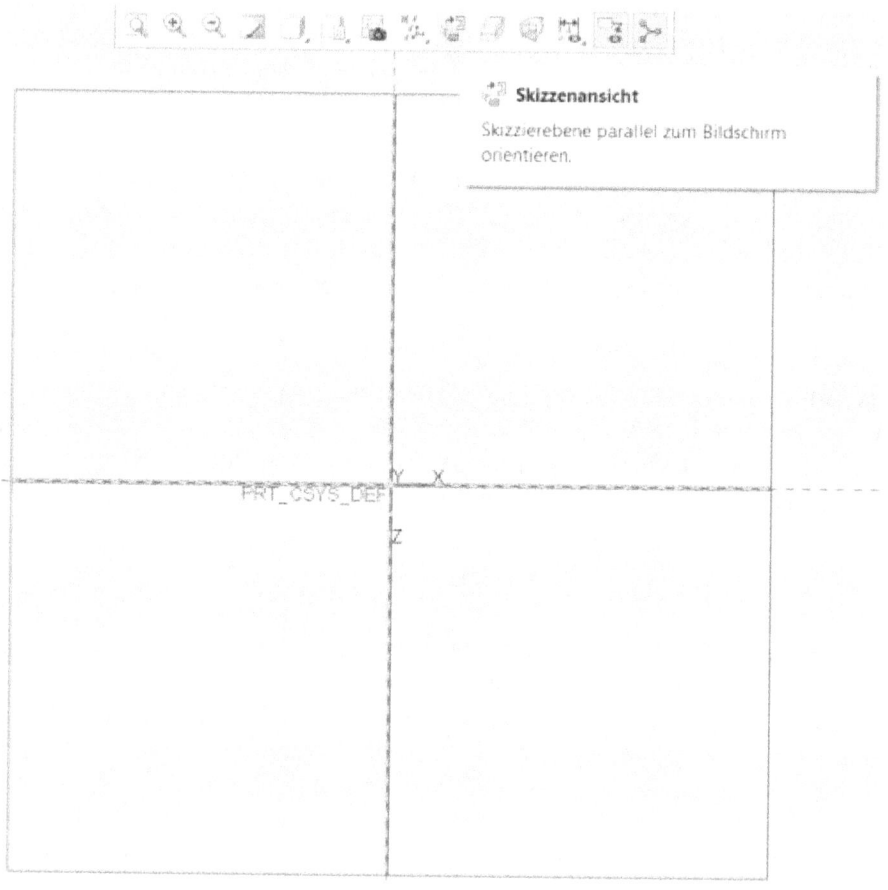

Das Menü unmittelbar über den drei Ebenen wird jetzt erweitert. Wenn wir auf Nr. 9 von links (Skizzenansicht, Bild oben) klicken, dann wird das dreidimensionale Gebilde in der Mitte zu einer einzigen Ebene. Als Leitkurve wählen wir jetzt eine 'Linie' im Menü oben und zeichnen diese von der Mitte z.B. nach links ein. Sollte keine Bemaßung der Linie mit angezeigt werden, dann oben auf 'Bemaßung' klicken.

Man könnte dieser schon direkt nach dem Einzeichnen die ganze Länge des Musterstücks oben von 145 mm geben, indem wir das Maß entsprechend ändern. Wieder nicht vergessen, auf 'OK' ganz oben rechts zu klicken. Dann auf 'Zug-Verbund' und in dem nun erscheinenden Menübalken auf 'Referenzen' und auf die gerade errichtete Leitkurve bzw. Linie.

Jetzt wird es sehr wichtig, denn natürlich soll ja aus der Fläche ein rechteckiges Profil entstehen, das nach einer gewissen Länge wieder in eine Fläche zurückläuft. Das wären dann vier Querschnitte, die durchlaufen werden müssen. Wir gehen also oben neben den schon erwähnten Referenzen auf 'Schnitte'.

Der erste Schnitt ganz links ist schon vermerkt. Seine Form wird erzeugt, indem man innerhalb des sich öffnenden Fensters auf 'Skizze' klickt. Mit dem Klick auf die Skizzenansicht drehen sich die drei Ansichten so, dass man jetzt quer zur Leitkurve das Profil zeichnen kann. Dann auf 'Rechteck' und über der Mitte dieser Ebene symmetrisch einzeichnen, möglichst auch schon mit 12 x 1,6 mm direkt richtig bemaßen.

Wenn Sie auf 'OK' gedrückt haben, öffnet sich das Menü mit den Referenzen und Schnitten wieder und Sie können durch 'Einfügen' einen weiteren Schnitt legen. Das Programm legt diesen automatisch auf das andere Ende der Leitkurve. Also wieder auf 'Skizze' und auf 'Skizzenansicht' und das Rechteck wieder symmetrisch einzeichnen, dann bleibt es auch symmetrisch, wenn wir die Maße auf die gleichen wie an der anderen Seite ändern.

Also wieder das jeweilige Maß doppelt anklicken, verändern und am sichersten mit der Return- oder Enter-Taste quittieren. Es kann sein, dass statt eines Kommas ein Punkt verlangt wird. Nach 'OK' können Sie sich den bisher erzeugten Stab in 3D anschauen und mit der mittleren Taste drehen, vergrößern und wenden, wie Sie wollen.

Dann kommen die beiden fehlenden Querschnittsänderungen dran. Legen Sie sich die 3D-Ansicht so, dass die Leitkurve gut sichtbar ist. Dann ganz rechts auf 'Bezug' und im aufklappenden Fenster die drei 'x' wählen. Den Punkt ungefähr auf die Leitkurve setzen, wo er auch hingehört. Und wieder auf 'OK'.

Jetzt begeht das Programm leider eine Eigenwilligkeit, indem es diesen neuen Punkt als Endpunkt nimmt. Korrigieren Sie das, indem Sie auf den alten Endpunkt klicken. Und wieder skizzieren Sie einen Querschnitt, diesmal allerdings nur 0,8 mm unterhalb der x-Achse und 8,2 mm oberhalb. Die Breite bleibt. Und alles noch einmal für einen vierten Schnitt wiederholen.

Abbildung 20

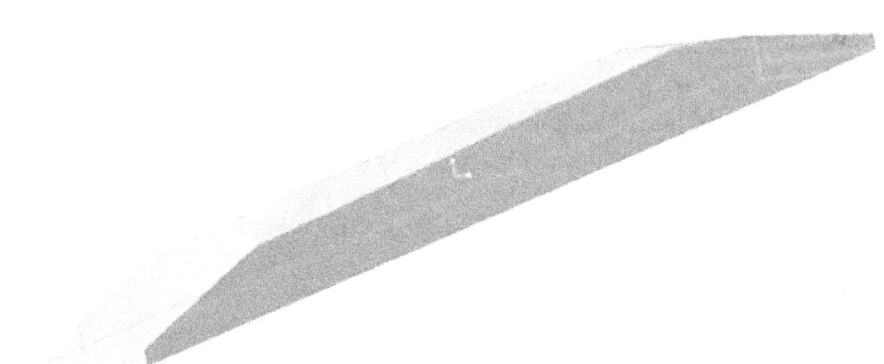

▣III Doppelstockwagen

Abbildung 21

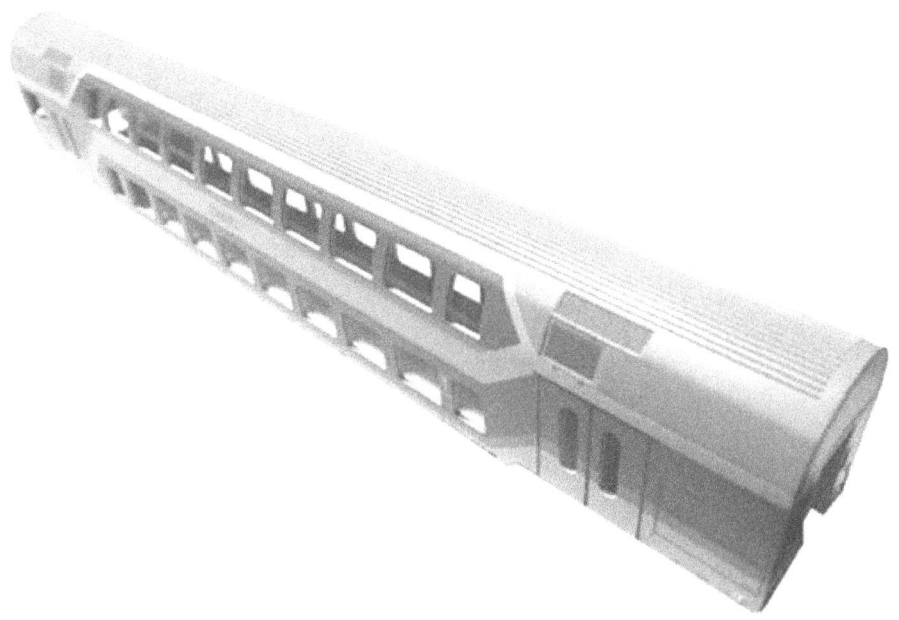

Über dieses Projekt haben wir schon im Buch 'Modellbau 1' berichtet. Keine Sorge, Sie haben nicht viel verpasst, weil es dort um die Vorgehensweise ging, mit der wir jetzt hier definitiv beginnen wollen. Dazu nun konkret die ersten Eingaben von Gestalt und Bemaßung in den Computer.

In Creo ist im Menu oben der Button 'Profil' wahrlich nicht zu übersehen. Den klicken wir an, gehen auf 'Platzierung' und wählen dann die immer wieder gleiche, nach links leicht herausstehende Hochkant-Ebene aus. Mit 'Skizzenmodus' oben im mittleren Extramenü ergibt sich dann die Möglichkeit des Zeichnens.

Sollte Sie sich irgendwann durch einen falschen Klick aus dem Skizzenmodus unbewusst entfernt haben, kommen Sie durch Klicken auf das Symbol zurück.

Nach der Wahl von 'Linie' oben so etwa unter dem Menüpunkt 'Werkzeuge' kann man den Querschnitt für den Doppelstockwagen erzeugen. Wir nehmen erst einmal die volle Höhe, die eigentlich erst an der Seite erreicht, dazu die Schräge und lassen das Dach oben bewusst spitz zulaufen. Hier kann später durch Verrundung die wahre Kontur erzeugt werden.

Zusätzlich achten Sie bitte darauf, dass Sie schon jetzt die Rasterpunkte so wählen, dass Sie eine symmetrische Skizze erhalten. Sollte das nicht gelingen, können Sie oben unterhalb der Menüzeile auf das Gleichheitszeichen gehen und dann die drei Teile der Seitenwand jeweils links und rechts der Reihe nach anklicken, dann werden die gleich.

Die genauen Maße werden nachher eingegeben. Kehren Sie am Ende zum Ausgangspunkt zurück und schließen Sie mit der mittleren Maustaste. Die erste Seitenhöhe vom angenommenen Boden ergibt sich durch Nachmessen zu 29 mm, die Breite zu 32 mm.

> Nach dem Schließen der Fläche mit der mittleren Maustaste wird die Fläche durch nochmaligen Klick farblich unterlegt.

Maße werden korrigiert, indem man einfach auf das angezeigte Maß doppelklickt. Sollte keine Bemaßung angezeigt sein, oben auf Bemaßung gehen. Sollte das Werkstück nach Eingabe der Bemaßung zu groß oder, eher bei Teilen aus dem Modellbau, zu klein sein, kann man es mit der Rändelschraube an der Maus vergrößern bzw. durch Drücken derselben anders platzieren.

> Maße werden zur besseren Übersicht mit der gedrückten linken Maustaste nach außen gezogen.

Haben Sie sich beim Zeichnen vertan, hilft oft Steuerung mit 'Z' nicht weiter. Aber vielleicht kommen Sie gezielter weiter mit 'Segment löschen' oben im Menü. Danach ist dieses oder mehrere anzuklicken. Größere Teile von Geometrien sind durch Bildung eines Rahmens und die Taste 'Entfernen' löschbar.

Abbildung 22

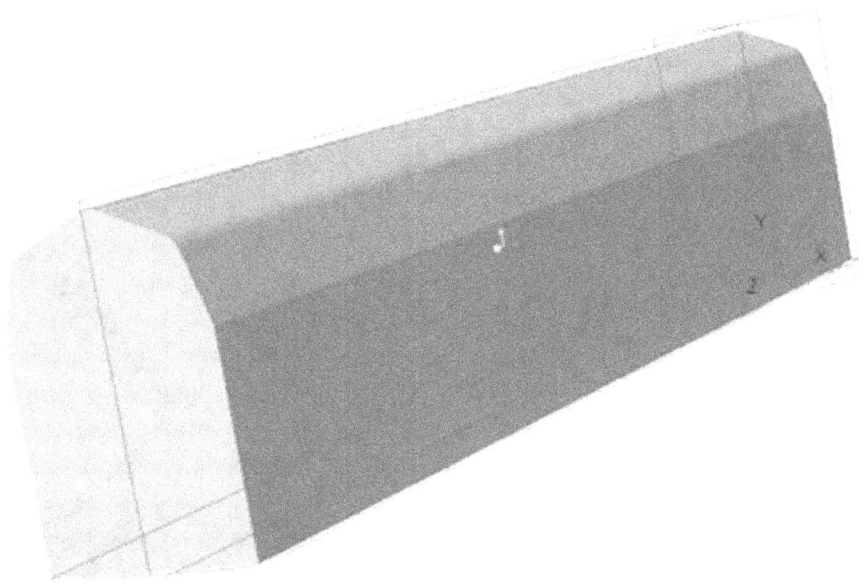

Wie Sie vielleicht erkennen können, haben wir zwei Rundungen im Dach links und rechts mit dem Abstand von 26 mm schon vollzogen. Die dritte stellt eine kleine Herausforderung dar. Ihren Radius wollen wir nämlich so lange probieren, bis die Gesamthöhe der des Originals entspricht.

Denken Sie daran, vor Beendigung des Programms abzuspeichern, womöglich mit steigender Nummerierung die verschiedenen Entwicklungsfortschritte. So etwas ist für Anfänger, wie wir es sind, immer empfehlenswert. Vielleicht hat man sich ja einmal vergallopiert. Denn das Programm bietet sonst natürlich immer nur die letzte Version an.

◻|| Metallräder 1

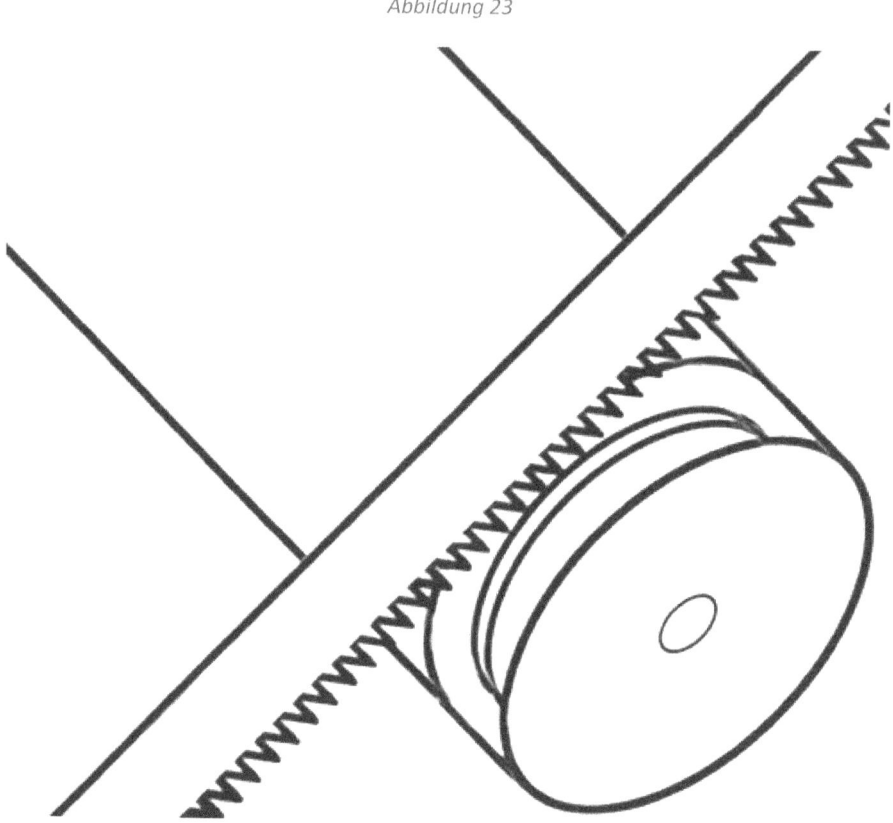

Abbildung 23

Im Kapitel '3D-CAD 1' wurde von den 14 Opel-Waggons berichtet, die wir günstig ersteigert haben, fotografieren, vermessen und wieder verkaufen wollen. Bei der ganzen Aktion fielen die schönen Metallräder auf, die hier sogar in einem ebensolchen kleinen Rahmen laufen wie der Teufel.

Soll das denn das Ziel sein, dass uns zwar vielleicht der Nachbau einigermaßen perfekt gelingt, wir aber dann nicht so gut rollende Räder aus Kunststoff haben und dem Original nachtrauern? Das sind dann auch noch 14 Waggons mit insgesamt 64 Achsen.

Also die Möglichkeiten geprüft, selbst Metallräder zu bauen. Denn immerhin müssten wir ja die vielen Räder, die wir schon haben, ebenfalls noch abdrehen. Aber wie geht man so etwas an und lohnt sich das überhaupt? Eines wird sofort klar, Edelstahl kommt nicht in Frage, dessen Härte schafft unsere Drehmaschine nicht.

Stahl wäre zwar viel billiger, aber was wäre, wenn der anfangen würde, trotz ständigem Zimmeraufenthalt zu rosten. Etwas teurer ist Messing. Nun gut, wir büßen die tolle Farbe der Räder an den Millennium-Anhängern ein. Notfalls von außen anstreichen oder eine mit Laser bedruckte Scheibe davonsetzen.

Her mit dem Messschieber, schnell den größten Durchmesser der Räder ermittelt und dann im Internet nach Rundmaterial mit 14 mm Durchmesser gesucht. Ein halber Meter kostet rund 20 €, ein Meter dementsprechend knapp 40 €. Der Knackpunkt sind die Versandkosten von 6,90 €. Hinzu kommen 4 € für 2 mm Durchmesser der Achsen.

Jetzt heißt es rechnen: Bei 3 mm Breite der zukünftigen Räder, 1 mm für das Sägen und 1 mm Zugabe wären mit einem Meter für 40 € 200 Räder möglich. Dazu 100 Achsen je 22 mm macht 2,2 m für aufgerundet 9 €. Kommt noch der Versand hinzu und addiert sich zu 56 Euro. Bleibt die Frage, was im Internet 100 Metallachsen kosten.

Ein Angebot verlangt tatsächlich einen Euro pro Achse, den Versand nicht mitgerechnet. Aber es sind maximal 7 Stück beziehbar. Es würde also eine elende Suche nach Metallrädern und größere Konvolute sind nicht in Sicht. Einzig Trix Express bietet hier und da etwas mehr, aber auch nicht günstiger und wir hätten beinahe das gleiche Arbeitspensum vor uns.

Bleibt die Frage, ob nicht eine Verkleinerung der Menge reicht, zumal wir uns ab diesem Moment als Versuchskaninchen verstehen, unsere Leser bei Misserfolg vor fehlinvestiertem Geld schützen wollend. Bei 33 € wären 50 Achsen möglich, bei 30 € Stück.

Im Moment tendieren wir zu der teureren Lösung, zum einen, weil wir, vermutlich nach ein paar Fehlversuchen an unsere Idee glauben und zum anderen, weil man 14 mm Rundmaterial aus Messing auch noch anderweitig verwenden kann, z.B. als Motor-Schwungmasse.

Auf zur Drehmaschine um zu sehen, ob sich das mit der überhaupt realisieren lässt. Wenn man die hintere Verkleidung abschraubt und den darauf befestigten Deckel, kann man tatsächlich auch sehr langes Rundmaterial bis ca. 20 mm einspannen.

Die Idee: Nach dem Einspannen bohren wir zunächst in der Mitte ein Loch, weil wir mit der eingespannten Stange die bestmögliche Genauigkeit erreichen. Die vorhandene glatte Seite wird zunächst einmal genutzt und später nach jedem Rad wieder hergestellt. Wichtig aber, wie die Zeichnung oben zeigt, wir beginnen mit dem Spurkranz.

Das hat mehrere Vorteile. Wir können von einer sauberen Kante ausgehen und vielleicht die schwierige Schräge noch genauer justieren. Auch ist das Sägen durch die Kante besser nutzbar. Könner mögen bitte weghören. Über die Befestigungsart müssen wir noch nachdenken. Zwei kleine Schraubzwingen wären die Notlösung.

Danach versorgen wir das Rad mit einer provisorischen Achse, drehen es um und spannen es wieder ein. So wird die von außen evtl. sichtbare Fläche nicht nur glatter, sondern wir können dort dann evtl. noch Material abnehmen, wie das heute so üblich ist.

Die Achsen mit ihren im Durchmesser verjüngten Enden würden ähnlich produziert, wenn möglich, ohne sie noch einmal einspannen zu müssen. Vergessen haben wir noch die Kunststoff-Zwischenstücke, die der 3D-Drucker beisteuern muss. Und wir sind auch schon auf der Suche nach sogenannten Schwarzfärbeverfahren . . .

Abbildung 24

kfz-tech.de/YM217

◻◧|| Metallräder 2

Abbildung 25

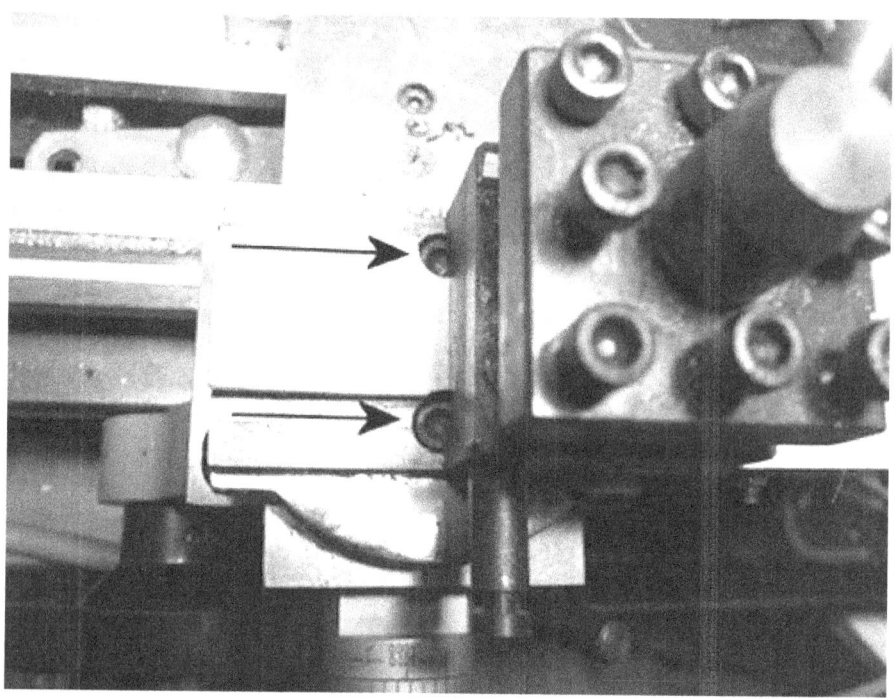

Die Stangen aus Messing sind da. Wir hatten schon angedeutet, die große Lösung mit einem Meter Länge zu nehmen. Sehr solide, was allerdings nicht für die mit 2 mm Durchmesser gilt. Daraus sollen Achsen hergestellt werden? Hätten vielleicht doch irgendeinen Eisenwerkstoff nehmen sollen.

> Nachher können wir vielleicht die Achsen der Kunststoffräder
> wiederverwenden.

Jetzt sind sie einmal gekauft. Haben zwar nur 12 € gekostet, aber ausprobiert als Achse werden sie auf jeden Fall. Insgesamt haben wir 58 € bezahlt. Im Moment heißt es: Kaufen, bevor es wieder teurer wird. Allerdings ist unser Ehrgeiz erwacht, aus dem Meter so viele Scheibenräder wie möglich herzustellen.

2,7 mm ist die Breite eines unserer Scheibenräder. Mit 0,5 mm breitem Schnitt ergäbe das unglaublich tolle 3 Räder pro 10 mm, 300 pro 100 mm und 300 pro 1.000 mm. 150 Achsen aus 58 €, natürlich nicht nur zunächst ein theoretischer Wert, weil wir ja noch üben müssen, und das kostet meist etwas mehr Material.

Rechnen müssten wir eigentlich auch noch die Kunststoff-Isolierungen.

Vergleicht man diese Kosten mit den Preisen bei Ebay, kommt man teilweise sogar auf den fünf- bis zehnfachen Betrag, wenn in diesen Mengen überhaupt verfügbar. Geht man allerdings zu german.alibaba.com, landet man bei der Hälfte. Allerdings scheint ein sicherer Kauf dort deutlich komplizierter und langwieriger, nicht nur bezüglich der Lieferung.

Interessant sind dort auch einzelne Achsen direkt verbunden mit Motoren.

Auch die Vorgehensweise haben wir wieder geändert. Wir wollen nämlich bei der Fülle an Aufgaben im Laufe der Zeit möglichst alle Kunststoffräder ersetzen, diese in einem kombinierten Arbeitsgang erstellen, als ohne Umspannen, erneutes Zentrieren und Austausch von Werkzeugen.

Zwischendurch kam (Fachleute bitte weiterblättern!) die Eigenfertigung von Drehmeißeln aus HSS-Bohrern in den Fokus, mangels geeigneter Fräse mit Flex und Nachfeilen. Sogar der Kauf eines bestimmten HSS-Bohrers wurde erwogen, den man am Ende hätte härten können. Sie sehen, wir hätten keine Kosten und Überlegungen gescheut.

So ein Drehmeißel hätte dann exakt die Kontur gehabt, die für ein gleichzeitiges Abdrehen von Lauffläche und Spurkranz nötig ist. Allerdings, nachdem wir uns mit dem Kegeldrehen beschäftigt haben, sind wir schlauer geworden. Es macht schon Sinn, des Öfteren bei YouTube nachzuschauen, wie es die anderen Leute machen, besonders wenn man Anfänger ist.

Also drehen wir die Sache wieder einmal um, nehmen einen relativ spitzen Drehmeißel und stellen an der Spitze den rotierenden Messing-Zylinder jeweils erst einmal solange Material für die Lauffläche ab, bis diese einen Durchmesser von 11 mm aufweist. Dabei ist der Spannmechanismus für den Drehmeißel aber schon verdreht.

Am Spurkranz angelangt, wird dann nicht mehr der gesamte Aufsatz verschoben, sondern nur noch der gedrehte Aufsatz um den Winkel des

Spurkranzes, bis er aus dem Messing-Zylinder mit exakt 14 mm herausgefahren ist. Wann genau abgesägt wird und wie der Winkel sein muss, ist noch nicht klar.

Jedenfalls sollen die Räder dann eines nach dem anderen möglichst fertig herunterpurzeln, ohne irgendwelches Umspannen außer dem gelegentlichen Verschieben des Messing-Zylinders. Soweit jedenfalls die Theorie.

Verdrehen ließ sich das Oberteil anfangs natürlich nicht und in der Anleitung war zwar von einer Schraube A die Rede, die aber in der Zeichnung des gedrehten Teils nicht auftauchte. Nach langem Hin und Her haben wir dann den Aufbau komplett nach rechts gefahren und siehe da, es tauchten zwei Schrauben auf (Bild oben).

Dann wieder Frust, weil die Schrauben so festsaßen, dass man sich mit dem mitgelieferten Inbusschlüssel und einer Verlängerung nicht weiter trauen konnte. Erst ein vernünftiger Inbusschlüssel aus Stahl brachte dann die Lösung.

Abbildung 26

In die Praxis können wir noch nicht, weil an unserem Reitstock (Bild oben) ein Bohrfutter fehlt. Es ist nötig wegen der anzulegenden Zentrierbohrung der Räder. Suche im Internet, alles aus China, zwar günstig, aber Lieferung frühestens in einem Monat. Nach langer Suche wurde ein noch günstigeres normal lieferbares ohne China-Zusatz, aber hoffentlich auch passendes gefunden.

◨▮▮ Fehler 1

Abbildung 27

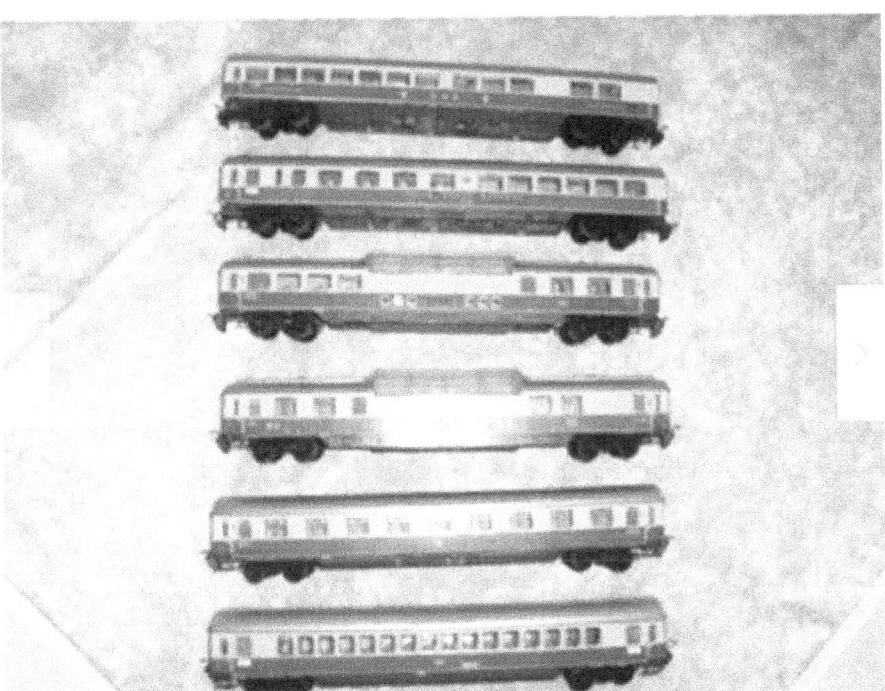

Da schleicht man um ein Angebot bei Ebay herum. Diese sechs Waggons von Trix Express für 69 € einschließlich Versand. Vor allem, weil auch noch der ersehnte Aussichtswagen dabei ist. Wir haben schon fünf davon, aber eben nicht dieses Prachtstück.

Nun gut, auf dem Bild sieht die durchsichtige Kuppel etwas vergilbt aus, aber es gibt gute Poliermittel für Kappen aus Kunststoff an Autoscheinwerfern. Notfalls würden wir die einfach mit unserem frisch erworbenen transparenten Filament nachbauen.

Die Diskussion geht hin und her, schließt sogar den Nachbau des kompletten Waggons nicht aus. Nein, viel Konstruktionsarbeit für nur einen einzigen Waggon lohnt sich nicht. Und so langsam am Ende des Tunnels geht uns ein Licht auf.

Zusammengefasst sind das 11 Waggons, also im Prinzip schon zwei Züge. Umso mehr, als sie unsere schon vorhandenen zwei Speisewagen mit Pantographen enthalten und dann natürlich die beiden revidierten Aussichtswagen.

Das passt doch, wenn wir die jeweils Doppelten auf beide Züge verteilen. Wir haben aber nur eine Lok. Das ist zwar eine E03 und die ist auch noch nicht komplett wiederaufgebaut, aber das wird schon und würde hervorragend passen.

Aber eben nur zu einem der beiden Züge. Was machen wir mit dem anderen? Vielleicht wieder verkaufen, immerhin steht das Weihnachtsgeschäft vor der Tür. Der gekaufte Zug enthält sogar Hüllen aus Kunststoff, wenn auch nicht die originalen.

Ja, den mit sechs Waggons behalten und den mit fünf verkaufen. Verkaufspreis vernünftig hoch ansetzen. Gelingt der Verkauf nicht, sind immer noch zwei Züge möglich. Haben wir nichts übersehen, dann sollten wir zum Kauf schreiten, sonst ist das Angebot vielleicht schon weg.

Allerdings, wir haben etwas übersehen, aber das ist uns erst am nächsten Tag klargeworden. Und das kam so. Wir kaufen, wenn überhaupt Sachen von Wert, immer im Prinzip wahllos, egal ob Trix Express, International, Fleischmann oder andere. Bisweilen ist sogar Märklin dabei, wenn es nur genügend günstig ist und eine Möglichkeit zum Umbau besteht.

Aber wir haben bis jetzt noch nichts verkauft, demnach keine Erfahrung. Und so langsam beschleicht uns die Erkenntnis, dass die frisch erworbenen Waggons ja von Trix Express sind, also in aller Regel etwas günstiger, und die eigenen leider von Fleischmann.

Wieso ist das ein Problem, kann man doch Kupplungen und notfalls Achsen tauschen bzw. entsprechend bearbeiten? Ja, für den Eigenbedarf ist das kein Problem, wohl aber, wenn man verkaufen will. Egal, wie wir es drehen und wenden, es wäre immer ein Mischmasch.

Wie sieht das denn aus, wenn im Begleittext steht, dass einer der Waggons ein umgebauter der jeweils anderen Firma ist. Und es muss dabeistehen, sonst reißt uns der/die Käufer/in nachträglich den Kopf ab. Was ist da dann aber noch für ein Preis zu erzielen?

Sie finden uns am Ende ratlos, denn es ist natürlich auch keine passende Lok in Sicht. Bleibt nur, alle für einen Zug aneinander zu hängen, aber das ergibt einen Zug von über 3,3 m Länge. Mit einem Zusatzmotor im zweiten Drehgestell kein Problem, aber wie karg würden dagegen die anderen Personenzüge aussehen?

Ja, Sie haben recht, Deutschland und die Welt hat im Moment weiß Gott andere Probleme als solch vergleichsweise lächerliche, aber wir sind trotzdem ratlos ob des Fehlers, uns von der Gier des günstigen Angebots haben leiten zu lassen und nicht weit genug nachzudenken.

Vielleicht ist ja auch die Hinwendung zur Modellbahn eine Möglichkeit, vielleicht für einen kurzen Moment von den vielen schrecklichen Ereignissen Abstand zu nehmen.

◻▮|| Fehler 2

Abbildung 28

Jetzt sind sie da, die sechs TEE-Waggons. Da gibt es nichts zu meckern. Sie kommen zwar im bunten Benjamin-Blümchen-Karton, aber sind sicher und gut verpackt. Ein Problem sind die Verpackungen der Waggons aus Plexiglas, aber darauf wurde im Verkaufstext hingewiesen.

Nicht mehr alle sind ohne leichte Beschädigungen, den mit der gröbsten haben wir schon aussortiert. Zwei haben schwarze, statt graue Schienen aus Kunststoff. Das wäre nicht ganz so schlimm, wenn da nicht seltsam abgebrochene Stücke zusätzlich an den Stellen wären, wo die Räder hinkommen.

Die ersten Versuche mit Trennscheibe auf der Bohrmaschine und kleiner Handfeile scheitern. Damit ist erst einmal eine schwarze Schiene aus einer Verpackung hin. Bleibt noch eine und die muss nun endlich sorgfältiger behandelt werden, sonst tritt der seltsame Fall ein, dass wir eine Schiene für die Verpackung konstruieren und 3D-drucken müssen.

Das wird es bei uns wohl nie wieder geben, denn erstens verkaufen wir selten und zweitens legen wir nicht viel Wert auf Verpackungen. Also bitte: Contenance, der nächste Versuch muss sitzen. Wir entscheiden uns zu warten und legen schon einmal den Minifräser bereit.

Den Plexiglas-Kästen hat das Verweilen im Wasserbad mit Universalreiniger gutgetan. Viel mehr werden wir gar nicht machen aus Angst vor Verschlimmbesserungen. Aber die Reste von Tesafilm und Aufklebern aus Papier sind ein Problem, auf das wir allerdings eine gute Antwort gefunden haben.

Da sind noch zwei originale Aufkleber aus den 60er Jahren. Den besseren lichten wir ab und bearbeiten ihn so, dass der Laser-Farbdrucker ihn und mehrere andere möglichst originalgetreu mit den richtigen, dem Katalog entnommenen Nummern auf selbstklebender Folie wieder ausspuckt.

Die kommen genau auf die Stellen, an denen wir den Kleber nicht ablösen können. Und, Sie werden es kaum glauben, die Streifen Tesafilm auch, nachdem wir die Waggons wieder eingelagert haben. Der von Fleischmann erhält die einzige schwarze, hoffentlich einigermaßen wiederaufbereitete Schiene und natürlich keinen Aufkleber.

Zum Glück gibt es auch ein Plexiglas, das von Aufklebern verschont geblieben ist. Natürlich kleben wir erst zu, wenn der Verkauf erfolgreich war. Der Waggon von Fleischmann macht noch etwas Probleme, die Radsätze von Trix Express aufzunehmen. Hier muss also noch etwas gefeilt werden.

Natürlich wird im Text an mögliche Bieter/innen vermerkt, dass der eine von Fleischmann ist und umgebaut wurde. Wir können sogar einen Grund dafür angeben, denn der hat einen Pantographen, der von Trix Express niemals. Zum Glück haben sich beide Hersteller relativ gut an die Farben gehalten, nur die Dächer sind verschieden getönt, sind ohnehin sehr verschieden.

Für den/die Käufer schaffen wir sogar noch einen kleinen Mehrwert, denn es sind bei der Lieferung nur sechs Begrenzer des Bewegungsspielraums im Plexiglas gewesen, ansonsten nicht besonders attraktives Füllmaterial. Da wir aber insgesamt zehn brauchen, werden wir wohl doch noch konstruieren und den 3D-Drucker anwerfen müssen.

Wir haben festgestellt, dass die Begrenzer z.T. den Waggons auch etwas zu viel Bewegungsfreiheit lassen. So haben wir die Möglichkeit, diesen für einen sichereren Transport sinnvoll zu begrenzen. Drücken Sie uns die Daumen. Eigentlich sollte dieses Kapitel an dieser Stelle enden, wäre uns nicht ein Katalog von 1968 in die Hände gefallen.

Abbildung 29

Darin hat man die obigen zwei Seiten dem TEE gewidmet mit insgesamt fünf verschiedenen Waggons. Sogar ein Barwagen ist dabei, nur ein Schlafwagen fehlt. Also Rolle rückwärts: Wir bieten diese fünf an und behalten die beiden Speisewagen von Fleischmann. Dann ergibt der zu verkaufende Teil ein attraktives Set.

Kurz danach fällt uns noch ein Großraumwagen für 26 € einschließlich Versand in die Hände. Der hat dann auch den so dringend benötigten Glaskasten mit grauer Schiene. Ob wir allerdings diese Summe plus der zusätzlichen 69 € erlösen werden, steht in den Sternen.

Immerhin haben wir aber einen Ausstellungs- und einen Großraumwagen hinzugewonnen, sieben insgesamt, da sehen die beiden Speisewagen mit Pantograph nicht mehr ganz so verloren aus. Und da wir schon einen Mischmasch zweier verschiedener Firmen haben, können wir vielleicht auch noch einen Schlafwagen von Fleischmann ergattern.

◻||| 3D-CAD 2

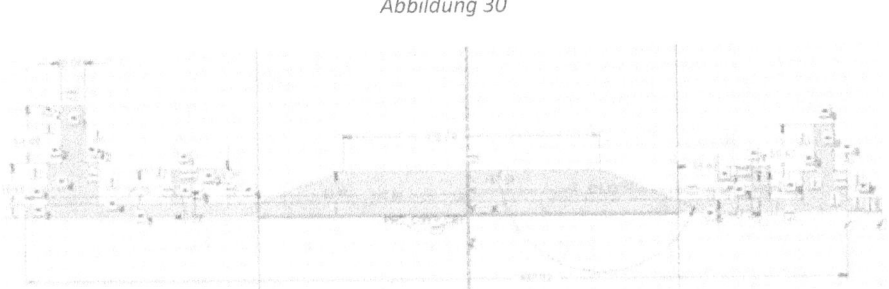

Es scheint, dass wir mit unserem Laientum alle Projekte zwei Mal anfassen müssen, oben mit dem Drehen von Metallrädern, jetzt hier mit unserem 3D-CAD. Die Idee war, wir nehmen Videos und lernen daraus, wie man mit Creo umgeht. Und wir hatten auch schon eine kleine Reihe von Videos gefunden, die uns dabei weiterzuhelfen versprachen.

Aber es gibt einen entscheidenden Unterschied zwischen diesen Videos und dem, was wir brauchen. Creo ist ein teures Programm, wenn man nicht gerade Zugriff auf die Studenten-Version erlangt (Nachweis der momentanen Tätigkeit nötig). Wir haben es tatsächlich gekauft, weil wir damit Videos für die Kfz-Schulung machen wollten.

Wieder lange Rede, kurzer Sinn: Kaum jemand setzt so ein Programm für die Entwicklung von Teilen einer Modellbahn ein. Das sind eher größere Teile, um einmal bei der Kfz-Technik zu bleiben, beispielsweise ein Radlager und seine Umgebung. Was daraus folgt ist, dass man eben nicht hingehen kann und zunächst eine grobe Skizze der Umrisse erstellen sollte.

Denn die gerät meist viel zu groß, nicht verdoppelt, sondern im schlimmeren Fall verzehnfacht. Sie werden sagen, was das denn soll, man kann doch nach und nach die richtigen Maße eingeben und dann ist man am Ziel. Kann man eben nicht, weil man immer nur ein Maß eingibt und das Layout reagiert entsprechend darauf.

Beispiel: Wenn Sie an so einem simplen Haken, wie oben abgebildet, auch nur ein Maß auf ein Zehntel oder nur ein Fünftel reduzieren, dann werden Sie hernach den Haken nicht mehr wiedererkennen. Man glaubt es kaum, wie der sich dann verändert hat. Die einzige Möglichkeit, diese

Schwierigkeiten einigermaßen zu eliminieren, ist alle Maße der Reihe nach langsam zu reduzieren.

Aber das ist ein mühsames Geschäft. Deshalb werden wir ab jetzt eine andere Methode der Eingabe wählen, nämlich jedes Element direkt nach der Eingabe auf das richtige Maß korrigieren. Allerdings mussten wir dazu erst lernen, wie man denn die Eingabe der kompletten Kontur unterbrechen kann. Relativ einfach: Wo der nächste Punkt für ein Element erwartet wird, drückt man einfach die mittlere Maustaste und ist raus.

Wenn man dann korrigiert hat, kann man durch die Rasterung relativ leicht am letzten Punkt wieder anknüpfen. Und noch ein Vorteil dieser Methode ist vielleicht noch wichtiger. Man sollte nämlich mögliche Symmetrien so früh wie möglich aufbauen, in unserem Programm durch Gleichheitszeichen und Buchstaben gekennzeichnet.

Also beginnt man mit einer Mittellinie, kennzeichnet die erste waagerechte Bodenlinie durch Klick auf ihre Enden und die Mittellinie und dann auf das Symbol der Symmetrie. Wer das noch nicht im Griff hat, bemaßt die komplette Linie durch Linksklick auf die beiden Endpunkte und Mittenklick auf die Stelle, wo das Maß hinsoll.

Und jetzt kommt die Erleuchtung. Bemaßt man nämlich jetzt von der Mitte bis zu einem der Endpunkte und gibt exakt die halbe Länge ein, dann sieht das Ganze ja schon symmetrisch aus, aber das Programm gibt einem den Tipp, doch bitteschön die echte Symmetrie mit nur einem einzigen Maß herzustellen. Hier beweist es erstmals eine seiner Qualitäten.

Und noch eine gravierende Änderung: Der KE-Zug hat sich für diese Aufgabe als überdimensioniert erwiesen. Das zu zeichnende Bauteil hier wird ja nur zur Mitte hin dicker und danach wieder dünner. Dazu braucht man keinen KE-Zug. Es reicht die Wahl von Profil am Anfang, bevor man eine Ebene für die erste Skizze wählt.

Und dann geht es los: Mittellinie wählen und ausrichten, Bodenlinie zeichnen, bemaßen und zentrieren und dann wird es seltsam anmutend. Denn jetzt links die erste schräge Linie, abbrechen, wieder rechts ansetzen und das Gleiche auf der Seite. Dann eine von beiden bemaßen und die andere mit einem Gleichheitszeichen versehen. Den Buchstaben richtet das Programm ein.

Und so geht es weiter, die komplette Skizze durch. Sehr wichtig ist allerdings deren komplettes Schließen, also kein roter Punkt am Ende einer

Linie, denn sonst kann das Programm der Skizze keine Tiefe geben. Es entsteht dann kein Körper mit Druck auf den Haken.

◻||| 3D-CAD 3

Abbildung 31

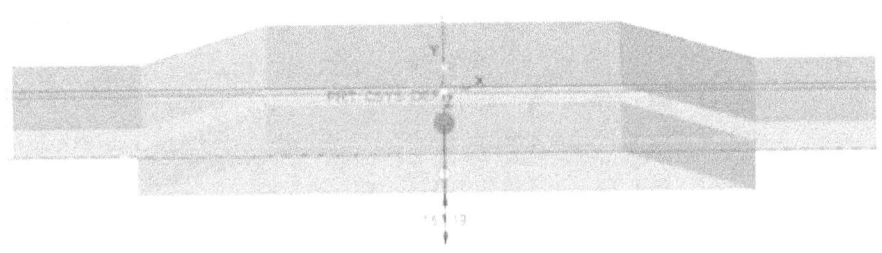

Bisher haben wir immer wieder neu gezeichnet, denn schließlich hat sich noch nicht viel von der eigentlichen Zeichnung hervorgetan. Außerdem haben wir schon gleich zu Beginn die beiden kleinen stehenden Zylinder zu beiden Seiten weggelassen.

Und da wir mit der Bemaßung durch Wahl einer Mittellinie und der entsprechenden Symmetrie immer schneller wurden, fiel das gar nicht so sehr auf. Nun hatten wir ganz zum Schluss das ganze Teil von den Maßen her fertig, auch die kleinen Haken für die Federn links und rechts.

Abbildung 32

Also diesmal auf 'Datei' und 'Speichern unter', denn immerhin hat uns ja das Programm am Anfang gezwungen, einen Namen zu vergeben, in unserem

Fall 'Opelwagen01', Endung unbekannt. Raus aus dem Programm und die beiden vorhandenen Laufwerke nach 'Opelwagen' durchsucht.

Von wegen, nichts wurde gefunden. Im ursprünglich angegebenen Arbeitsverzeichnis die vorhandenen Dateien der Reihe nach angeklickt, und, oh Wunder, irgendwann hatten wir unseren Opelwagen wieder. Oder vielleicht doch nicht ganz?

Nein, es entpuppte sich als die Skizze, die für uns Laien keine Möglichkeit bot, wieder zu dem Profil zu kommen. Die Auflösung: Unbedingt auf 'Datei' und 'Speichern' gehen und unüblicherweise gibt einem Creo dann die Möglichkeit, überall hin und unter jedem beliebigen Namen abzuspeichern.

Abbildung 33

Man behält sozusagen den Überblick, kann sogar dann durch Anklicken des 'Opelwagens' auch das Programm selbst aktivieren. Allerdings nützt das uns Laien immer noch nicht, weil wir es nicht geschafft haben, an dem gespeicherten weitere Profile anzubringen. Das entsprechende Menü von UNICAD kam einfach nicht, stattdessen das oben.

Abbildung 34

Hier die Hälfte abgeschnitten, weil die Gesamtlänge einfach nicht in den Text passt. Leider wieder zu viel Arbeit gemacht. Die kleinen Haken zum Einhängen der Federn sollten Sie an dieser Stelle besser weglassen, denn im Profil teilen die sich auf merkwürdige Weise in zwei am Rand befindliche auf.

Lange Rede, kurzer Sinn: In diesem Fall hätte es gereicht, die unteren 195 mm mit 1,5 mm Dicke, die 90 mm oben und die 140 mm unten an den Schrägen zusammen mit der entsprechenden Symmetrie einzuzeichnen und entsprechend zu bemaßen. Im Moment können wir Ihnen allerdings nur anbieten, an dieser Stelle weiterzumachen.

Das wäre also der Stand der Dinge nach den oben angegebenen Maßen. Hier ist man durch Anklicken des grünen Pfeils auch schon aus dem Skizzenmodus raus, muss aber wieder rein, wenn man weitermachen will. Das Programm fordert auch schon dazu auf, eine entsprechende Seite des Volumenkörpers zu wählen.

Abbildung 35

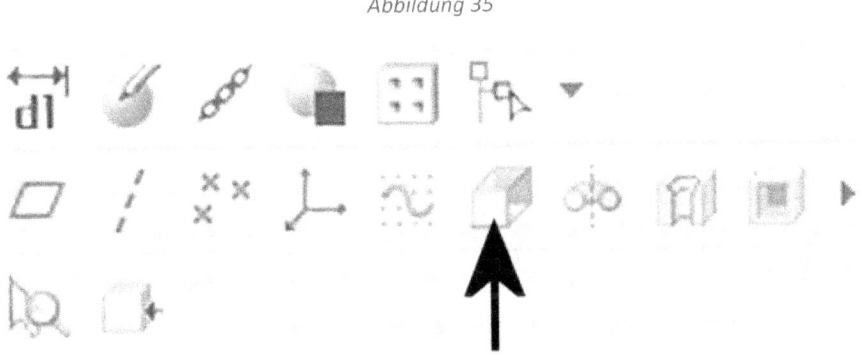

Das ist das Menü, das der Laie dringend braucht, um weiterzumachen. Schauen Sie nur unten das Bild an. Wir haben, wieder mit Linie, eine Kontur hineingezeichnet und können damit aus dem Volumen- einen Hohlkörper machen. Hinten enden wir so, dass die echte Materialdicke erhalten bleibt.

Abbildung 36

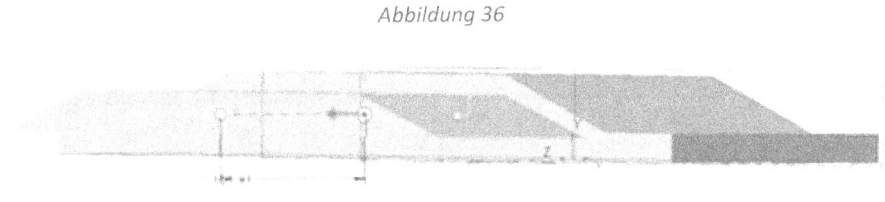

> Wir haben das hier und oben an einer schnell gezeichneten Skizze probiert. Sie könnten natürlich direkt den korrekt bemaßten Volumenkörper nehmen.

Wie wir die vorne noch stehen lassen, bleiben wir Ihnen an dieser Stelle schuldig, ebenso wie die Möglichkeit, dieses Menü an einem abgespeicherten Opelwagen vorzufinden. Viel einfacher ist es aber jetzt, die ganzen Durchbrüche zu realisieren, praktisch auf die gleiche Art und Weise.

▢▌▌ Virtueller Hintergrund

Abbildung 37

Wenn man so ein Buch schreibt, dann entsteht jedenfalls nach unserer Vorstellung eine bunte Mischung aus direkt realisierbaren Ideen und solchen für eine spätere Zeit. Das liegt auch daran, dass man die Entstehung von Ideen schlecht steuern kann, wir jedenfalls.

Sie ahnen es vielleicht schon, nach der Hektik, ein Teil eines neuwertigen Waggons als Laien in 3D-CAD zu zeichnen, in 3D zu drucken und dann noch rechtzeitig zum Verkauf fertig haben zu müssen, hier ein Vorschlag, der sich bestimmt nicht so schnell realisieren lässt.

Wir haben das obige Programm schon in unserem Buch 'Modellbau 1' vorgestellt. Es ist die wohl für Europa bekannteste Software zur Erstellung einer kompletten Eisenbahnanlage im Computer. Wenn hier von einem Neubau die Rede ist, dann geht es nicht um Meter, sondern um Kilometer.

Oft genug versucht da jemand, irgendeinen existierenden Bahnhof nachzubauen. Es gibt Bilder von einem solchen des Hauptbahnhofs Freiburg. Und nicht nur das. Durch Mitfahrt zu weiteren Bahnhöfen ist der ziemlich naturgetreue Bau einer Strecke möglich, sogar mit einigermaßen realistischer Landschaft drumherum.

Und was hat das mit unserem ziemlich realen Bau einer Modellbahn zu tun, von dem bisher eigentlich nur die beiden Schattenbahnhöfe und eine Idee einer Haltestelle für die U-Bahn existieren? Ganz einfach, wir sind dabei, uns Gedanken über die erste Hauptebene zu machen.

Und da soll die neue Idee vom virtuellen Hintergrund mit einbezogen werden. Wenn wir also den Hauptbahnhof mit drei Gleisen in jede Fahrtrichtung, eines davon jeweils als Schiene ohne Bahnsteig vorstellen, dann soll der an der einen Seite nach einer Kurve unbedingt in einem Berg münden.

Für das Publikum soll der Eindruck erweckt werden, der Zug verschwinde in der Wand hinter der Anlage. Und genau an dieser Wand sollen sich dann entweder ein größerer Bildschirm oder zwei oder mehr befinden. Bitte bedenken Sie an dieser Stelle, dass die ganze Anlage bei Bedarf über ein komplettes Programm bedient werden soll.

> Einen Bildschirm mit 50 Zoll Diagonale und Testnote 2,4 haben wir schon einmal für 339 € gesehen.

Also müsste es möglich sein, den Zug dann auf dem entsprechenden Bildschirm nach der Durchquerung des Berges weiter in die Ferne fahren zu sehen, natürlich virtuell, aber vom gleichen Computer gesteuert. Der reale Zug könnte durch diesen gestoppt werden oder weiterfahren, wenn er erst in einer gewissen Entfernung auftaucht.

Im virtuellen Zug könnte sogar die Perspektive gewechselt werden. Man würde dort z.B. in den Führerstand wechseln. Idealerweise könnte auch ein Zug entgegenkommen, der dann in der Anlage wiederum real auftaucht. Unglaublich viel wäre möglich, vor allem als Lösung des Problems, dass die Bahnhöfe einer realen Anlage immer so unnatürlich nahe beieinander liegen.

Aber wir müssen Sie warnen, denn nach den relativ geringen Gestehungskosten für das Programm muss das rollende Material jeweils dazu geordert werden, oft sogar auf eine bestimmte Version bezogen. Im Vorfeld wären also die Zusatzkosten zu klären und die Frage, ob es zu den realen Zügen die passenden Modelle gibt.

Wenn Sie besonders übermütig sind, können Sie auch selbst fahrende Modelle konstruieren, brauchen aber einen von der Fa. Trend käuflichen Schlüssel, um die auf Ihrer Anlage betreiben zu können. Theoretisch wäre dann auch ein Verkauf mit allerdings im Vergleich zu den Arbeitsstunden allzu sehr bescheidenen Salär möglich.

Es gibt natürlich noch andere Simulatoren, berühmt z.B. Trainz A New Era aus USA, bei denen es auch deutsche Züge und Landschaften gibt, aber einen gewissen Obolus wird man auch da leisten müssen. Schließlich muss das Programm ja weiterentwickelt werden. Auch ist sogar der Kauf von Teilanlagen möglich (siehe oben).

Noch verrückter: Mit Creo kann man nicht nur 3D-zeichnen, sondern auch kleine Filme aufnehmen, z.B. wie ein Zug in der Unendlichkeit verschwindet und evtl. gleichzeitig ein anderer auf dem Nachbargleis erscheint.

Abbildung 38

kfz-tech.de/YM218

Abbildung 39

kfz-tech.de/YM219

Abbildung 40

kfz-tech.de/YM220

◰ Schnäppchen

Abbildung 41

kfz-tech.de/PM29

Wir müssen ernsthaft damit rechnen, dass Sie uns für verrückt erklären. Wie kann man denn mit einem Equipment voller Gleichstrom eine Märklin-Lok kaufen, wenn auch nur gebraucht? Da handelt man sich doch nur einen Sack voller Probleme ein. Kriegt man die überhaupt ans Laufen, geschweige denn integriert?

Sie werden es kaum glauben, aber auch hinter diesem Kauf steckt eine Strategie. Klar, werden Sie sagen, wer wüsste nicht, wie man einen Kauf begründet. Aber nein, wir werden zu beweisen versuchen, dass wir auch bei diesem Kauf einigermaßen cool geblieben sind.

Dazu kurz zurück zu unseren Anfängen. Wir waren angetreten, eine uralte, teils heftig defekte Sammlung Trix Express nicht nur zu reparieren, sondern gleichzeitig auch in die digitale Moderne zu führen. Dazu gehört dann auch, sie in möglichst viele Richtungen kompatibel zu gestalten.

Dazu haben wir viel Geld in die Hand genommen und eine Mini-Drehbank erworben. Das ist mitunter unser Prinzip, erst einmalig mehr Geld zu bezahlen und dann, z.B. für laufenden Unterhalt, das Portemonnaie möglichst geschlossen zu halten.

Typisch dafür wird unser neues E-Auto sein. Es ist teuer beim Kauf, aber etwas günstiger im Unterhalt als unser Verbrenner war. Außerdem hat es auf wichtige Teile eine längere Garantie und der Strompreis zuhause wird mit Sicherheit nicht solche Bocksprünge vollführen wie besonders der Preis von Diesel in letzter Zeit.

Was hat das mit einer Drehbank für den Modellbau zu tun? Sie ermöglicht es, die komplette Sammlung gleichzeitig mit der Reparatur auf international übliche Radkränze zu bringen. Auch wäre es möglich, nach und nach nur noch metallene Radsätze zu verwenden.

Womit wir flugs bei Märklin wären. Denn wenn wir jetzt auch noch unsere alten Weichen auf die neuen Radkränze anpassen, können darauf auch Märklin-Waggons rollen, zumindest mit Kunststoff-Rädern. Warum kein Metall? Weil bei Märklin dann die beiden Räder einer Achse miteinander elektrisch verbunden sind.

Kompatibilität ist ein hohes Gut. Das wissen z.B. diejenigen, die früher fortschrittliche und günstige Computer bevorzugten, die aber leider nicht mit guten, einigermaßen erschwinglichen Programmen liefen. Da waren dann Kleinanbieter, z.B. für 3D-CAD, bei denen man nicht sicher sein konnte, dass sich das Programm weiterentwickeln würde, an dem man so lange gelernt hatte.

Auf den Modellbau übertragen heißt das, wir wollen bereit sein für möglichst Vieles eines jedweden Herstellers. So gibt es die BR 92 bei Trix erst seit der Zusammenarbeit mit Märklin kurz vor der Jahrtausendwende für schlappe 285. Ergo sind die wenigen, die angeboten werden, mit 276 € recht teuer.

Wir haben für die oben abgebildete Lok 28 € bezahlt. Nun gut, das Gehäuse braucht etwas mehr Zuwendung und mit der Umstellung auf Gleichstrom und Digital kommen wohl noch Probleme, aber die Lok hat auch je eine

Telex-Kupplung vorn und hinten, die wir ebenfalls in die Zukunft retten wollen.

Es geht also darum, Hersteller übergreifend an Modelle zu kommen. Wobei sich die Hoffnung schon zerschlagen hat, Märklin sei wegen der großen Verbreitung günstiger. Hier ist eindeutig Trix Express der Favorit, wobei wir hier allerdings schon mehr Erfahrung beim Suchen haben.

Es dürfte auch interessant sein zu verfolgen, wie aus einer Wechsel- eine Gleichstromlok wird, vielleicht sogar schon, wie denn überhaupt eine solche funktioniert. Schon vor längerer Zeit haben wir einen Decoder gekauft, der ausdrücklich für Wechselstrom angeboten wurde.

Wir können ihn also in aller Ruhe für die Lok vor und nach dem Umbau ausprobieren. Besonders die Möglichkeit dürfte spannend sein, die beiden Telex-Kupplungen auf zwei weiter Kanäle zu legen. Außerdem meinen wir die Decoder für Märklin als die bisweilen günstigeren ausgemacht zu haben.

Abbildung 42

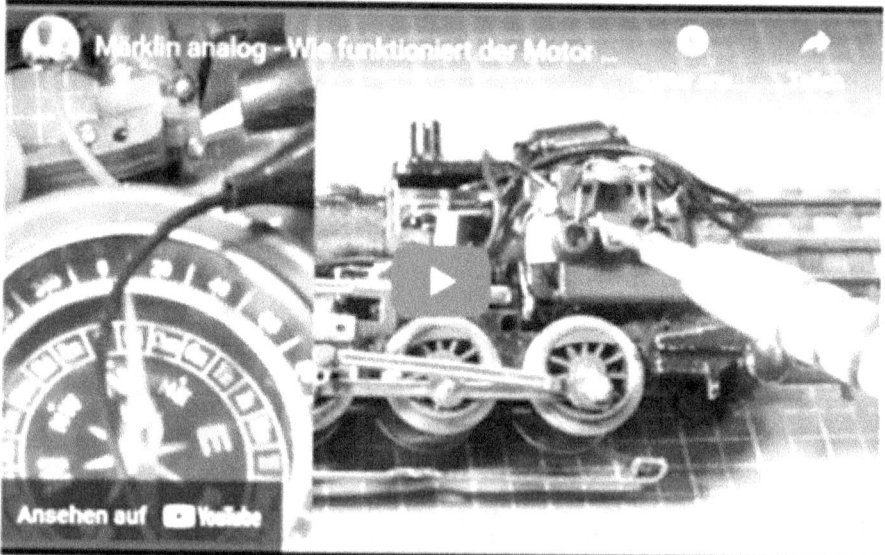

kfz-tech.de/YM221

▢❚❙❙ Schleifer

Abbildung 43

kfz-tech.de/PM29

Jetzt ist die Lok da und bereit für Versuche, vielleicht aber erst einmal ein Rundumblick. Hebt man eine Märklin-Lok hoch, fährt nach unten der vergleichsweise riesige Schleifer aus. Der war früher für den durchgehenden Mittelleiter.

Da ein dritter Leiter nun wirklich nicht mehr in die Zeit der feinen Annäherungen an die Wirklichkeit passt, hat man ihn durch einzelne Stoppeln ersetzt. Je nach Perspektive fallen die aber trotzdem noch auf. Ganz bestimmt der Schleifer an jeder Märklin-Lok.

Da werden teure Sonderserien für bestimmte Märklin nahestehende Gruppen aufgelegt mit feinster, auch teurer Detailarbeit und hat man das Teil dann in der Hand, taucht dieses Monstrum unter den Rädern auf, teilweise sogar im Fahrbetrieb seitlich sichtbar.

Sicherlich, bei Trix International als legitimer Nachfolger von Trix Express sind solche Schleifer oft auch sichtbar, aber längst nicht so massiv. Und man kann auf Fleischmann ausweichen, wo man den Strom über die Radsätze entnimmt und fast keine Schleifer verwendet.

Abbildung 44

kfz-tech.de/PM210

Bei den Weichen kommt allerdings ein Vorteil des Märklin-Systems zum Vorschein. In den Systemen von Trix und Fleischmann stößt dort immer ein Plus- auf ein Minus-Potential und umgekehrt. Da bei Märklin beide Gleisschienen das gleiche Potential haben, können sie miteinander verbunden werden, der Isolationsbereich ist kürzer.

Das alles hat übrigens noch nichts mit der Frage des Gleich- oder Wechselstroms zu tun. Liefen Märklin-Loks auf Gleichstrom, so könnten die beiden Gleisschienen ebenfalls ein Potential als Gegenpol zum Mittelleiter haben. Wir werden sehen, dass uns diese Verbindung zwischen den beiden Gleisschienen mehr Probleme bereiten wird als der Wechselstrom.

Doch bleiben wir noch einen Moment bei dem Schleifer. Er ist sehr lang, würde bei einem Drehgestell mit zwei Achsen über diese hinausragen. Seine Länge muss etwas zu tun haben mit den längsten, im Schienennetz vorkommenden isolierten Stellen. Über die muss er hinausragen, sonst stockt die Stromzufuhr.

Abbildung 45

Das ist noch eher ein Problem unserer bisherigen Loks. Als Beispiel im Bild oben reichen je zwei Schleifer auf einem Drehgestell nicht aus. So könnte die Lok mit ihren Mittelleitern gleichzeitig auf den isolierten Teil zweier, hintereinander liegender Weichen geraten. Deshalb hier ein Zusatzschleifer.

Wir haben ja in einem unserer vorigen Kapitel Weichen gekürzt. Auch hier besteht jetzt die Gefahr, dass zwei voneinander getrennte Schleifer der gleichen Polung genau beide gleichzeitig auf Isolationsstellen landen. Dann bleibt die Lok einfach stehen. Wir werden wohl alle Loks auf diese Neuerung hin kontrollieren müssen.

Übrigens bleibt die Einfachheit bei Märklin erhalten, wenn man sich erst einmal an den riesigen Schleifer gewöhnt hat. Es gibt schlicht keinen anderen, da ja alle Räder nicht nur untereinander, sondern auch mit dem Chassis bzw. Gehäuse verbunden sind, zum Glück nicht mit einer der Kohlenbürsten des Motors, denn das würde den Umbau auf das digitale System behindern.

Wie wollen wir diese Verbindungen auflösen? Zunächst entweder die hier sichtbaren Räder ohne Zahnkränze aufbohren, oder deren Achsen abdrehen und eine isolierende Schicht dazwischen unterbringen. Am dritten Rad von links, wo das Gestänge das Rad mit den Zylindern verbindet, ein M2-Gewinde aus Kunststoff mit ebensolcher Unterlegscheibe statt des metallenen einsetzen.

Abbildung 46

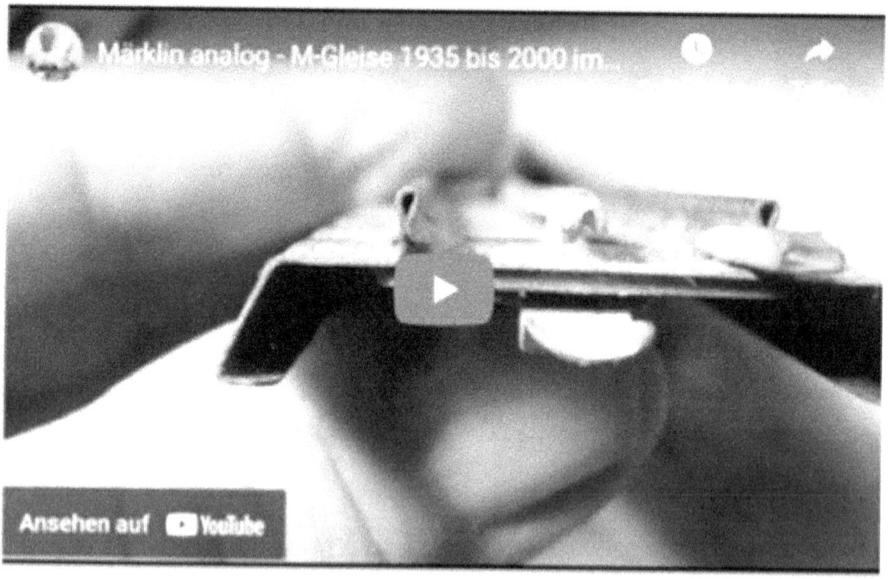

kfz-tech.de/YM222

◻▮||| Schattenbahnhof

Abbildung 47

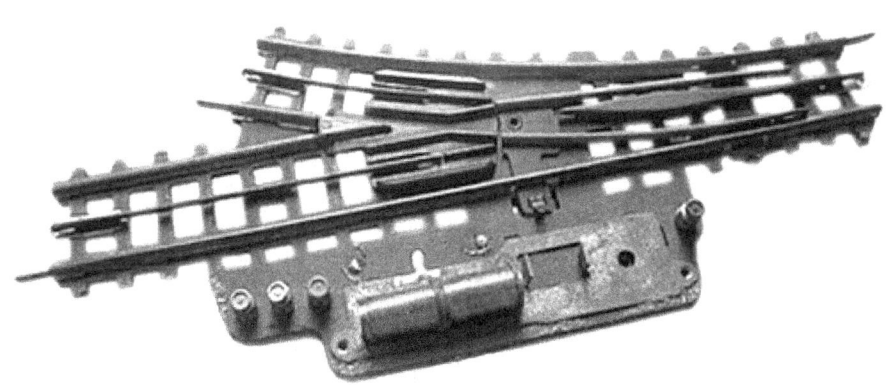

Das wäre nicht unbedingt Tuppers Traum, wenn Sie diese Weiche auch noch so günstig erstanden hätten. Nein, nicht weil sie offensichtlich etwas stärker beansprucht wurde oder weil es sich um eine sogenannte 'Pappschiene' handelt.

Einzig stört hier die fehlende Verbindung zwischen Elektromagnet und Weichenzunge. Nicht so sehr die Stange mit der Biegung, die man leicht aus einer Büroklammer herstellen kann, und noch nicht einmal die Feder, obwohl die schon etwas schwerer zu beschaffen wäre. Nein, es fehlt schlicht das Innenteil des Elektromagneten.

Das kann schwerer zu beschaffen sein als ein kompletter Elektromagnet, für den wir im Sommer sogar nur 1 Euro pro Stück bezahlt haben. Wenn wir uns aber diese Teile in einem kompletteren Angebot hinzudenken, dann wäre das schon ein geeigneter Kandidat für eine Seite eines Schattenbahnhofs.

Allerdings muss man von Bild her noch zusätzlich den Eindruck gewinnen, dass die Weichenzunge sich einwandfrei an der jeweiligen Seite anlegen lässt und auch nicht so einfach nach unten drücken lässt, also in den Endlagen jeweils auf einem kleinen Metallsockel ruht. Die Weichenzunge ist das einzige Innenteil, das von dieser Weiche wohl am Ende überleben wird.

Das Teil aus Kunststoff bleibt für die Betrachtungen nur hier erhalten. Wird die Weiche auf die anderen Radsätze umgestellt, wird es ersetzt. Es spielt sogar noch eine besondere Rolle, weil exakt an ihrem Ende der Teil der Schiene geradeaus und der nach rechts abgeschnitten wird. Desgleichen die andere Seite wenige Millimeter von der Anlenkstelle der Zunge entfernt.

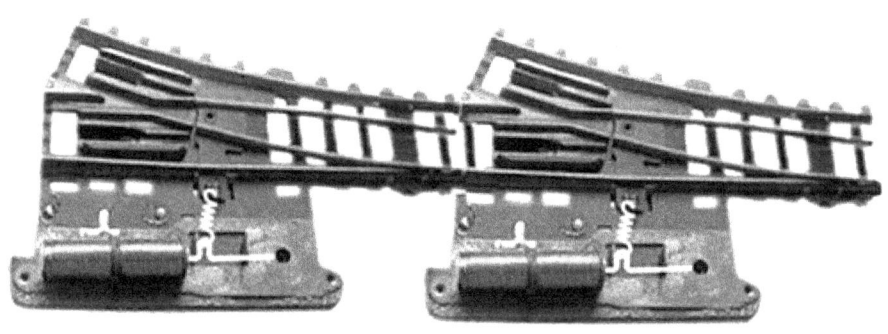

kfz-tech.de/PM211

Hier sehen Sie zwei der so veränderten Weichen miteinander verbunden, evtl. sogar verlötet. Bitte bedenken Sie, dass wir uns 'unter der Erde' befinden, also diese Einfahrt nur technisch einwandfrei funktionieren muss. Da schaut ja niemand hin.

Und wozu der ganze Aufwand? Wir haben es noch einmal nachgestellt. Wenn Sie jetzt an den Abzweigungen mit graden Schienen weiterbauen, dann ist bei denen der Abstand Mitte zu Mitte 4,5 cm. Um dieses geringe Maß zu erreichen, muss man mit dem vorhandenen Gleismaterial zu einem größeren Abstand weiter ausholen, um dann erst diesen geringeren realisieren zu können. Wir aber brauchen den unbedingt, um möglichst viele Gleise bei einer sehr geringen Breite realisieren zu können. Da ist es dann einfach eleganter, diesen Abstand ohne Hin- und Herschwenken zu erreichen.

Bitte beachten Sie, dass mit dieser Anordnung auch genügend Platz für die Weichenantriebe vorhanden ist, die dann auch entsprechend leicht verdrahtet werden können. Es wäre sogar eine durchgehende Abdeckung möglich, die auch die Verdrahtung umfasst. Natürlich lassen sich auch einzelne verwenden und jeweils festschrauben.

Wünschenswert in dieser Konstruktion neben den Anforderungen an die anderen Kunststoff-Innenteile wären leitungsmäßig verbundene Weichenzungen. Für die müsste sehr flexibles Kabel nahe den Drehpunkten angelötet werden, natürlich immer von der nicht benutzten Seite. Auch wäre eine gewisse Länge vonnöten, um die Leitungen so wenig wie nötig zu belasten.

Wir werden dann den kompletten Schienenstrang im jeweiligen Schattenbahnhof aufzeichnen, wenn wir auch dessen Ausgang gedanklich komplett durchdrungen haben. Geplant ist ja, dass exakt an den oberen Enden der beiden Weichen im Bild selbstgebaute Schienen beginnen und die Ausfahrt über feste Weichen ohne Zungen realisiert wird, aber das hatten wir schon.

◫‖ Motor allgemein

Abbildung 48

Was ist das eigentlich, Wechselstrom? Warum gibt es den überhaupt? Sowohl Märklin als auch Trix haben als Produzenten von Spielzeug vor Einführung der sogenannten Tisch-Modellbahn in der Mitte der 30er Jahre schon bestanden. Da gab es den Trix-Modellbaukasten und elektrische Motoren eher als Zubehör.

Außerdem musste man berücksichtigen, dass noch nicht alle Haushalte elektrifiziert waren. Unser Haus in den Niederlanden war 1930 erbaut und erst 1936 mit Strom versorgt worden, wie wir an Zeitungsausschnitten und Arten der Verlegung der Kabel rekonstruieren konnten.

Märklin gegen Trix = Schwaben gegen Bayern?

Märklin hingegen hat vermutlich stärkere Motoren für seine angebotenen Fahrzeuge gebraucht und nach Wikipedia schon Mitte der 20er auf Wechselstrom gesetzt. Wie schon erwähnt, erfährt man in der Praxis Wechselstrommotoren als zugkräftiger als solche mit Gleichstrom.

Warum das so ist, gleich. Zunächst mögen Sie sich noch das Video unten ansehen, wie die kleinere 3.000er von Märklin mit nur drei statt unserer 4 Achsen 24 Güterwaggons ohne erkennbare Mühen, wie beispielsweise durchdrehende Räder, durch die Gegend zieht. Allerdings ist das bisweilen auch dem hohen Gewicht von Märklin-Loks geschuldet. Unsere wiegt über 400 Gramm.

Abbildung 49

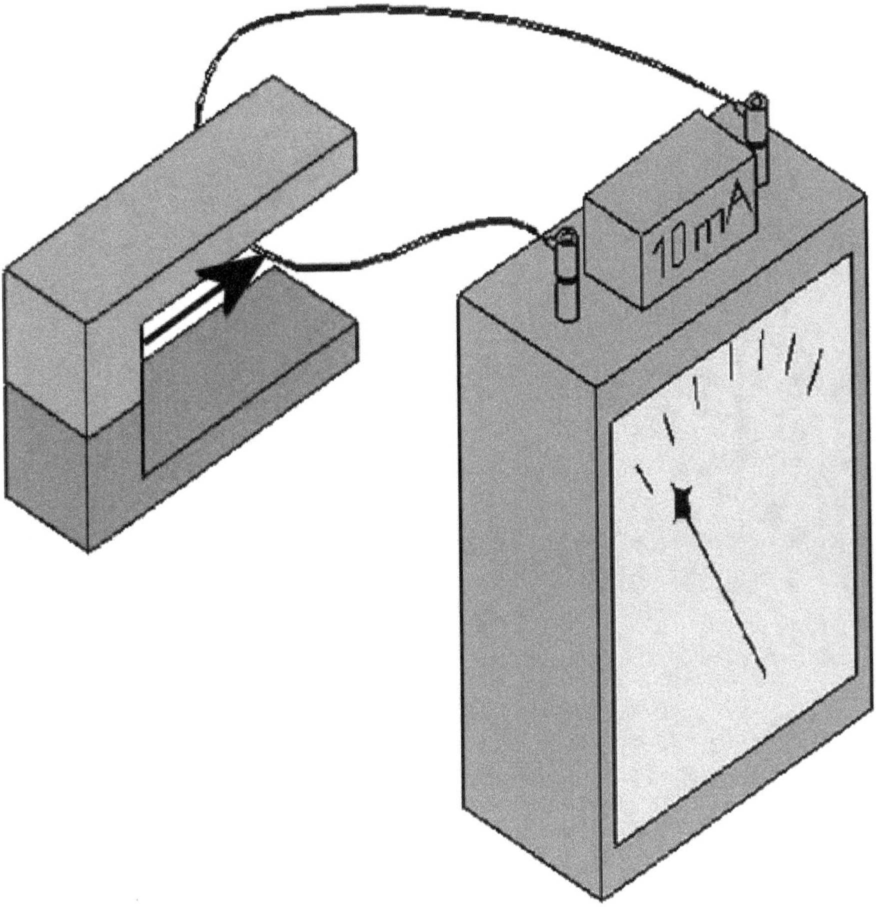

Da ist er wieder, der gute alte Hufeisenmagnet, um die Vorgänge in einem Elektromotor zu erklären. Doch dieser Versuchsaufbau ahmt einen Generator nach, um das Zusammentreffen von Magnetismus mit einem elektrischen Leiter grundsätzlich zu klären. Bewegt man den Draht aus dem Magneten nach außen, entsteht an seinen Enden eine Gleichspannung.

Abbildung 50

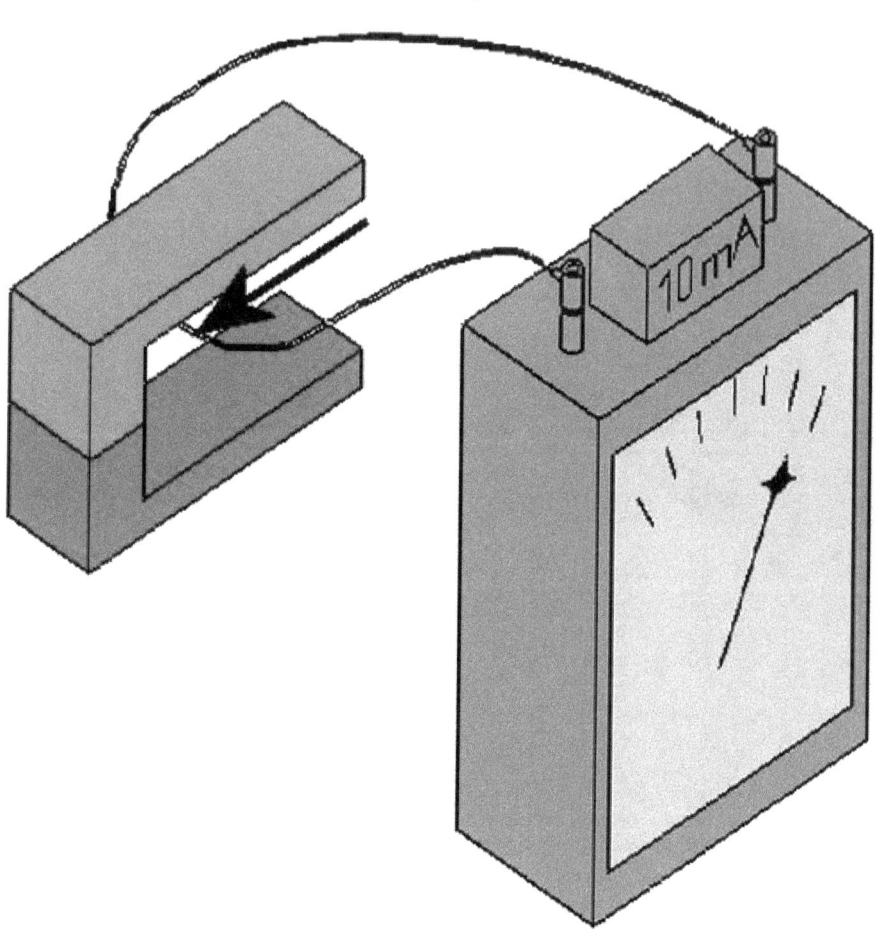

Die umgekehrte Bewegung hat einen Ausschlag des Messgeräts in die andere Richtung zur Folge. Würde man einen Mechanismus bauen, der die gezeigten Bewegungen des Drahtes zuließe, könnte man durch Anlegen von Strom deren Richtung beeinflussen.

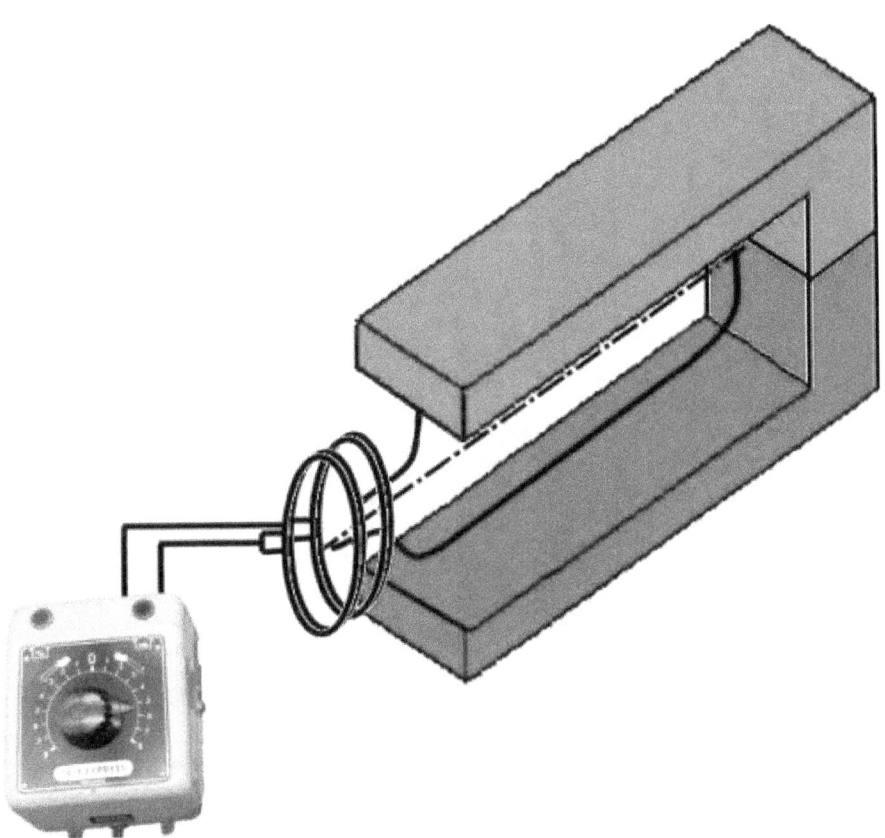

Abbildung 51

Hier zum ersten Mal der Versuch eines primitiven Motors. Natürlich kann man da keine Leiterschleife hin- und herschwingen lassen, sondern muss schon zu einer fortwährenden Drehung kommen. Deshalb geht hier die Drehachse für die Leiterschleife mitten durch den Hufeisenmagneten.

> Bei der Erzeugung entsteht Wechselstrom, speichern kann man nur Gleichstrom.

Damit während der Drehung der Kontakt zu den beiden Leiterenden erhalten bleibt, sind diese mit zwei Schleifringen verbunden. Wie Sie an dem Trix-Trafo unschwer erkennen können, werden sie mit Gleichstrom gespeist. Nützt aber nichts, denn spätestens nach einer halben Drehung ist der Spaß vorbei.

Abbildung 52

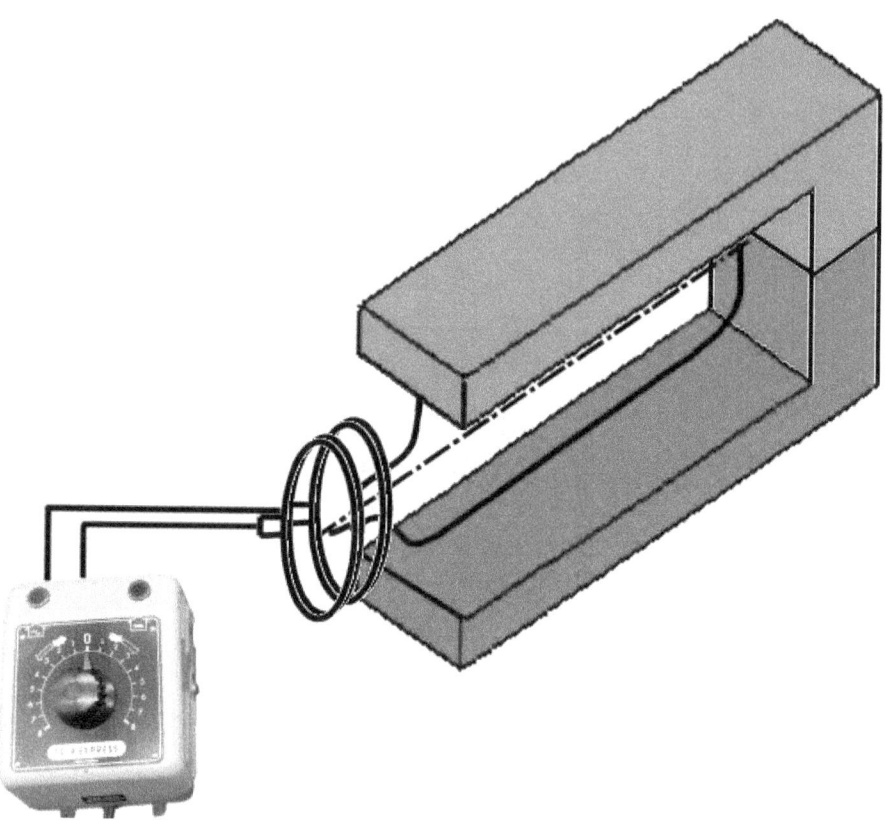

Nehmen wir statt Gleich- Wechselspannung, ändert sich das Bild nicht. Bei einem 50-maligen Wechsel zwischen Plus und Minus sieht die Leiterschleife keine Veranlassung, sich zu drehen. Eine kleine Chance bestünde, würden wir sie mit (50 · 60 =) 3000/min anwerfen. Vielleicht fände sie dann zu einem stabilen Lauf.

Abbildung 53

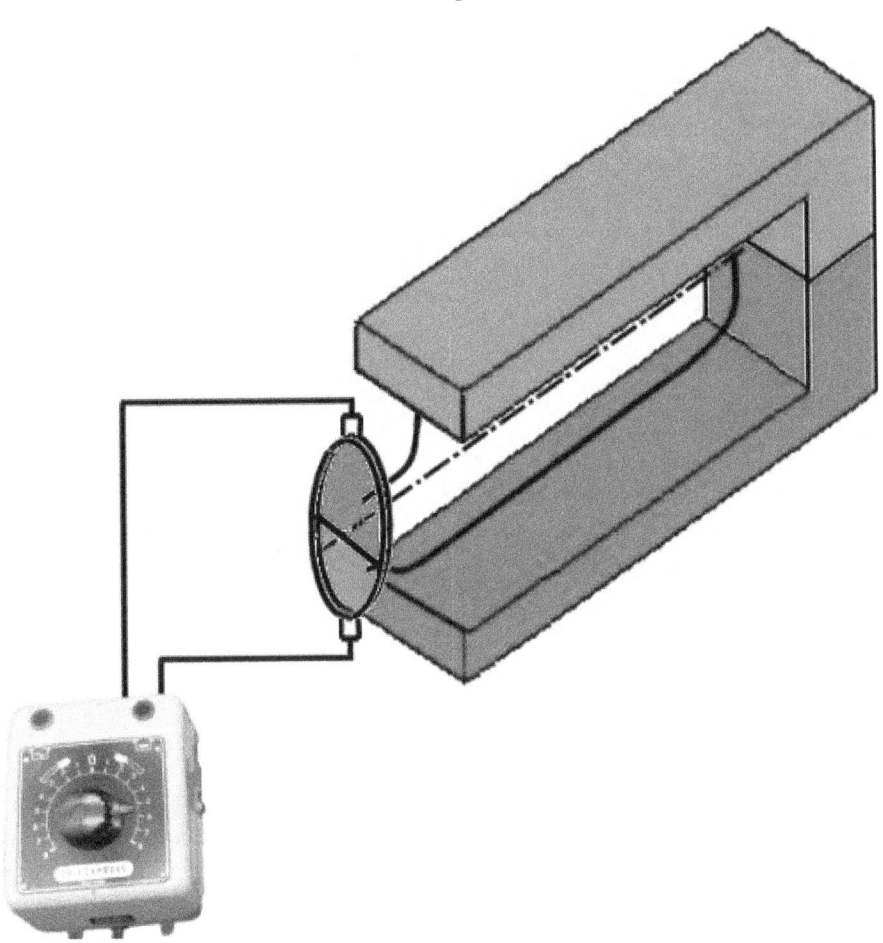

Wir brauchen also einen Polwender, auch 'Kommutator' genannt. Es ist nur noch ein Schleifring übrig und der polt den Strom in der Leiterschleife nach jeder halben Umdrehung um. Damit dreht sich diese allerdings erst, wenn man sie leicht angeworfen hat. Außerdem ist das von ihr erzeugte elektrische Feld noch deutlich zu schwach.

Abbildung 54

kfz-tech.de/YM26

Abbildung 55

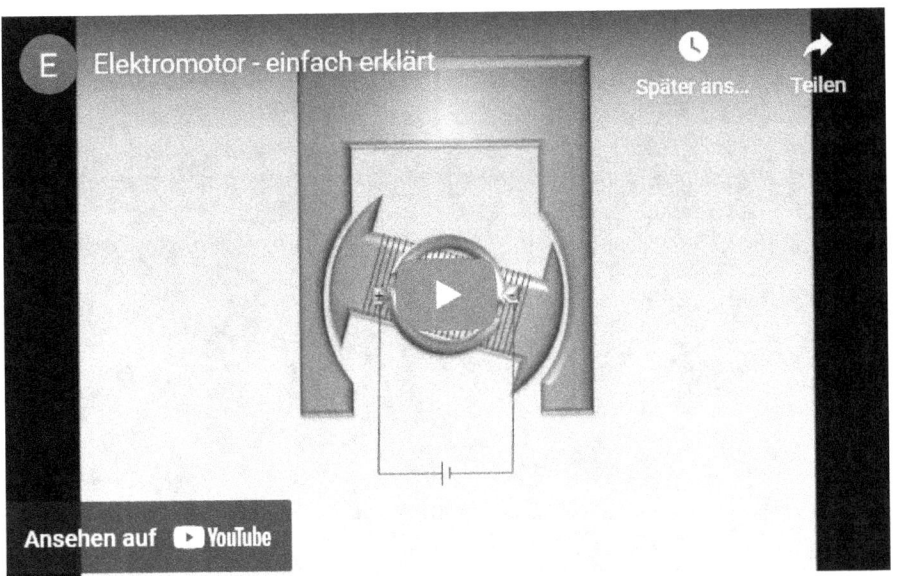

kfz-tech.de/YM27

▢|‖ Märklin-Motoren

Abbildung 56

kfz-tech.de/PM21

Diesmal ein Blick auf das Chassis, wenn ein Großteil der demontierbaren Teile ausgebaut ist. Bei Märklin ist im Prinzip das Motorgehäuse mit dem Rest der Lok fest verbunden. Kaum zu erkennen ist hinter der Aufnahme des Ankers auch das Getriebe fast vollständig erhalten.

Wieder einmal bewundernswert ist die Steuerung der vorderen Zylinder durch das Stangengewirr an den Rädern. Sogar die Telex-Kupplungen sind hier ausgebaut. Unten dann ein Stator (Ständer), wie er in der Praxis oft vorkommt. Elektromagnet in der Mitte, zwei Eisenbleche verlängern.

Abbildung 57

Nach den Erfahrungen im vorigen Märklin-Kapitel kümmern wir uns aber jetzt um den Rotor. Sie sehen, er hat sich ziemlich verändert. Der besteht zunächst einmal aus drei jeweils um 120° gegeneinander versetzten Eisenkernen mit Wicklung. Achten Sie bitte darauf, dass die miteinander verschaltet sind.

Abbildung 58

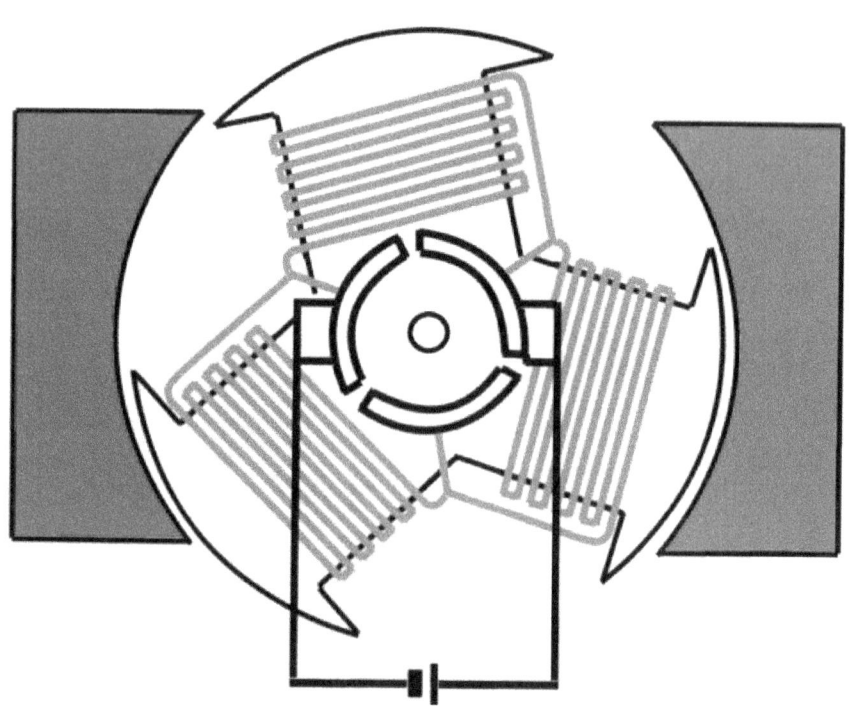

kfz-tech.de/PM22

Eigentlich eine geschlossene Reihenschaltung, aber an jedem Knotenpunkt gibt es eine Verbindung zu einem Drittel Schleifring. Auf diese Drittel wirken die beiden Kohlebürsten, verbunden hier noch mit einer Gleichstromquelle. Wenn von da Strom kommt, wodurch und in welche Richtung läuft dieser Rotor an?

Abbildung 59

kfz-tech.de/PM218

Da ist zunächst einmal die Wicklung ganz oben, die direkt mit Strom versorgt wird. Bevor Sie jetzt nach der Rechte-Hand-Regel googeln, sagen wir ihnen, dass er einen dem magnetischen Südpol ähnlichen Magnetismus annimmt, folglich also der linken Seite des Stators zustrebt.

Was aber besonders wichtig ist: Die beiden anderen Wicklungen sind ebenfalls mit der Gleichstromquelle verbunden, allerdings jeweils nur von der Hälfte der elektrischen Kraft profitierend. Da deren Wicklung genau andersherum durchlaufen wird, ziehen die beiden nach rechts.

Damit ist alles gesagt, der Rotor beginnt, sich aus dem Stand zu drehen und zwar gegen den Uhrzeigersinn. Und immer wieder werden nicht nur eine oder zwei Wicklungen zu einer Seite des Stators ziehen, sondern gleichzeitig der oder die verbleibenden zur anderen. Das macht vielleicht die Power eines E-Motors vom Stillstand weg aus.

Abbildung 60

Bei Märklin gibt es Rotoren mit kleinen und großen Scheibenkollektoren (Bild) in Motoren, die quer eingebaut sind und ihr Drehmoment ausschließlich über Stirnräder weitergeben. Solche mit Trommelkollektoren brauchen durch ihren Längseinbau einen Schneckentrieb, um die Antriebachsen zu erreichen.

Abbildung 61

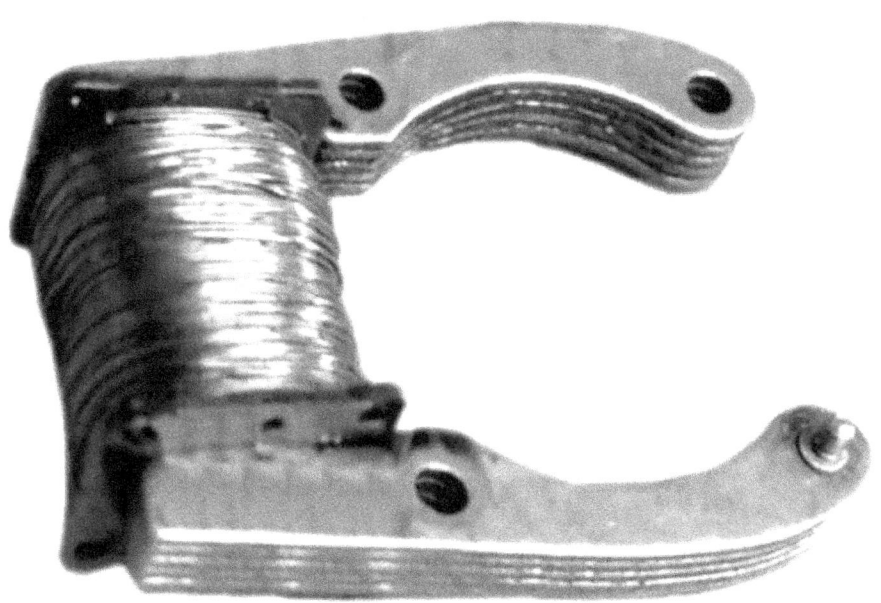

Mit diesem Bild wenden wir uns langsam wieder dem Wechsel- oder, getreu der Märklin-Nomenklatur, dem Allstrommotor zu. Dazu passt dieser Stator, diesmal auch original aus der Lok. Um die es hier geht. Auffallend sind die Wicklung statt des Permanentmagneten und Aufteilung des Eisens in einzelne Bleche.

Das macht man immer dann, wenn man Weicheisen braucht, z.B. auch in Transformatoren analoger Bauart. Es zeichnet sich durch die Fähigkeit aus, seine magnetische Polarität extrem schnell ändern zu können. Ein großer Magnet besteht aus vielen kleinen, auch Dipole genannt. Und die sind beweglicher als bei einem großen Stück Eisen.

Wozu braucht man das? Sie ahnen schon, dass es mit dem Wechselstrom zusammenhängt. Wir nehmen hier zunächst einmal eine durchgehende Wicklung an, die mit den beiden Kohlebürsten in Reihe geschaltet ist. Bei einem Permanentmagneten wäre wegen der schnellen Umpolung keine Drehung möglich.

Wenn aber diese Erregerspule genau diese Umpolungen mitmacht, ist die gegenseitige Anziehung bzw. Abstoßung gewährleistet.

Abbildung 62

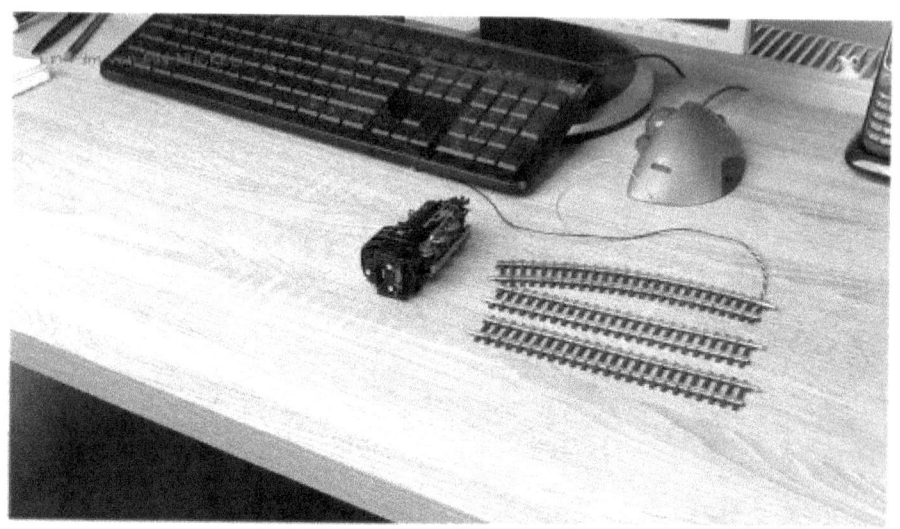

kfz-tech.de/YM28

 # Digital 1

Abbildung 63

Die digitale Steuerung bleibt ein Dauerthema. Nach sechs Kapiteln im ersten Buch 'Modellbau' kommen hier jetzt weitere dazu. Wenn man sich auf YouTube armdicke Kabelkanäle mit Verdrahtungen aller Art anschaut, kommt leicht der Gedanke auf, dass so etwas auch anders konstruiert werden könnte.

Eine komplette Modellbahn-Anlage könnte im Prinzip mit vier Leitungen gesteuert werden, wovon die beiden auch Daten transportierende über die Schienen geleitet werden. Ist natürlich ein Ideal mit nur zwei sichtbaren Leitungen. Jeder Teilnehmer tut etwas mit Hilfe der Spannungsversorgung, wenn er durch die Datenleitung angesprochen wird.

Nun gut, irgendwann sind die Verlustwiderstände im Schienennetz vielleicht zu groß, obwohl wir bei den alten Trix-Pappgleisen ein Kabel durch die einzelnen Schienen hindurch ziehen wollen. Das wäre dann auch bei den

Selbstbau-Schienen im Schattenbahnhof der Fall. Aber trotzdem ist diese Leitung so wichtig, dass wir sie vermutlich noch getrennt ziehen müssen.

Die Sache hat nur einen verdammten Haken und das sind die Kosten. Denn ein Zugriff ist nur über einen Decoder möglich. Wenn Sie für den 15 bis 20 € rechnen, dann muss man schon gehörig abwägen. Nehmen wir als Beispiel D-Zug-Wagen, die nicht von der Lok mit Strom versorgt werden sollen. Dann braucht jeder eine eigene Versorgung sprich Decoder.

Also bis zum Beweis des Gegenteils bleiben wir bei einem Kabel mit Steckern durch den ganzen Zug. Zumal wir ohnehin entweder kürzer kuppeln oder eine gummierte Verbindung zwischen den Waggons oder beides realisieren wollen. Man würde also bis auf die Verbindung zur Lok nichts bemerken. Und die könnte durch nur einen Decoder für alle Anhänger obsolet werden.

So ähnlich könnte man mit Weichen verfahren, überall dort, wo mehrere von ihnen zusammenkommen. An den beiden Schattenbahnhöfen ist das nur an den Eingängen der Fall, weil es sich bei den Ausgängen um offene Weichen handelt. Wenn es also lokal so viel zu schalten gibt, reicht dort vielleicht nur ein Decoder, der die Anweisungen für mehrere Weichen ausgibt.

Das könnte man vielleicht mit dem im ersten Buch vorgestellten JMRI-System realisieren. Aber wir wollen weiter. Ja, der Weg und dessen Beschreibung ist bei uns vielfach auch das Ziel, zumal wir uns schon in der Kfz-Technik mit Bussystemen vertraut gemacht haben. Es gibt sogar Anleitungen, die den CAN-Bus als Übertragungsmittel bei der Modellbahn nutzen.

Es soll also Vieles selbst gebaut und programmiert werden, wobei man auch auf fertige Programme und Module zurückgreifen kann. Die Kosten für Decoder könnten also deutlich unterschritten werden. So, was haben wir bis jetzt erreicht? Das Fernziel ist also die Digitalisierung mit getrennter Einschaltung von Beleuchtung, vielleicht auch für den Führerstand. Im Falle der BR 92 ist sogar die Betätigung der Telex- Kupplungen geplant. Aber zunächst muss diese auf Gleichstrom umgestellt werden.

Nicht zu vergessen, dass wir als kfz-tech.de in den Modellbau gestartet sind. Es gilt also, Elemente aus diesem Bereich in die Anlage zu integrieren. Ein Vorstoß ist schon gemacht, nämlich der lange Millenium-Zug mit den bebilderten Containern zum 100-sten Geburtstag von Opel, beschrieben im Kapitel 'Millenium-Express' im Buch Modellbau 1.

Da wir den vermutlich nachbauen, wird vielleicht auch ein ähnlicher Zug mit Porsche möglich sein. Dann gehören die beiden Schattenbahnhöfe und der Haltepunkt für U-Bahnen unterhalb der Normalebene zu diesem Konzept. Zusätzlich soll der schlanke Hauptbahnhof mit nur angedeutetem Gebäude für Platz sorgen.

Denn es soll ein hoffentlich reger Straßenverkehr möglich gemacht werden. Die Herangehensweise ähnelt bei verschiedenen Firmen. Immer wird ein Draht oder eine Kette von Magneten 'verbuddelt'. An diesen laufen die Fahrzeuge dann entlang. Weichen sind entweder über Änderungen an dem Draht möglich oder elektronisch schaltbar.

Letzteres wird durch das noch relativ neue System von Viessmann unter der Bezeichnung 'CarMotion' vermarktet. Hier sind die Bauteile auf besonders kleinem Raum zusammengefasst, so dass hoffentlich bald nicht nur Lastwagen auf einer Anlage möglich sind. Auch hoffen wir irgendwann auf günstigere Gebrauchtteile.

Denn bei dem großen Umfang an Projekten wird durchaus noch viel Zeit vergehen, bevor wir uns verkehrsreichen Situationen mit sogar Ampeln für Fußgänger widmen können. Denn es ist bei uns immer damit zu rechnen, dass noch Ideen hinzukommen.

kfz-tech.de/YM223

◻▮▮ Digital 2

Abbildung 64

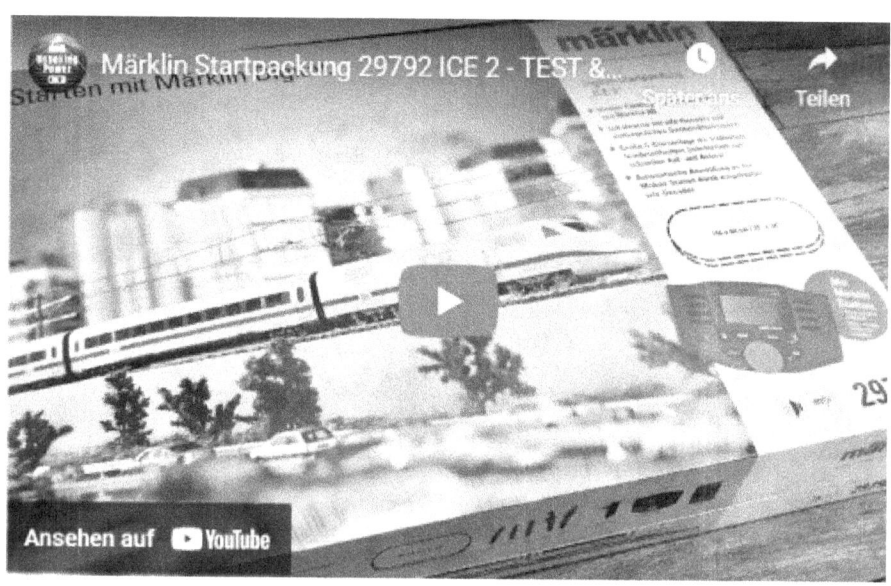

kfz-tech.de/YM226

Mitten hinein in die Vorbereitung weiterer digitaler Kapitel platzt ein Weihnachtsangebot von Märklin. Schon früher waren Startpackungen auch bei Besitzern/innen vorhandener Anlagen bisweilen beliebt. Leider enthielten sie oft Veraltetes, Vereinfachtes, etwas nicht zur Anlage Passendes oder was man schon hatte.

Das ist diesmal anders. Neben einem Zug mit schöner Dampflok und drei Güterwagen aus der Epoche 3 ist diesmal auch ein ICE 2 mit guter digitaler Ausstattung dabei. Ob das Absicht ist, dass man immer den älteren nimmt, der im Prinzip schon seit mehr als 20 Jahren nicht mehr lieferbar ist?

So kann man jedenfalls die Preise schlecht vergleichen, aber mangels eines neueren Katalogs wäre uns das ohnehin nicht möglich gewesen. Immerhin wird ein solcher kostenlos mitgeliefert. Es wäre aber nur darum gegangen, festzustellen, dass die Teile einzeln vermutlich doppelt so viel gekostet hätten.

Sie haben recht, wir sind gar keine Märklin-Fans. Aber warum geben wir dann 320 € aus? Und das kam so: Wir sind, wie gesagt dabei, weitere Kapitel zum Thema 'Digital' vorzubereiten. Und haben dazu jede Menge Anleitungen im Internet und in Büchern gefunden.

Eigentlich gibt es ja das schon im ersten Buch besprochene Projekt JMRI schon, aber wir sind auf der Suche nach Alternativen und mehr Tiefgang. Und dann fallen uns Quellen in die Hände, die versprechen, ausgerechnet den CAN-Bus zu einer Verbindung mit Märklin zu bringen. Dabei existiert schon ein Buch darüber für den Bereich Kfz-Technik.

Voraussetzungen sind eine gewisse Software, von der hoffentlich 'Small Edition' reicht und eben die Märklin-Gleisbox. Und da schließt sich der Kreis, denn allein letztere kostet auch zusammen mit dem in diesem Paket schwächeren Netzteil ca. 100 €, sogar bei Ebay. Was ist dagegen das Geld, das wir bezahlen werden?

Sie können es auch so formulieren: Wir unboxen, wie das neudeutsch heißt, für Sie erstmalig ein komplettes Set, das im Nu aufgebaut ist und alle digitalen Funktionen enthält, u.a. auch für uns zum ersten Mal einen vernünftigen Sound, den man sich auf der Verkaufsseite schon einmal anhören konnte.

Damit und mit der erwähnten Software haben wir die Möglichkeit, die Programmierung nachzuvollziehen, wobei die Programmiersprache C für uns noch etwas ungewohnt sein wird. Aber wer eine Sprache schon recht gut beherrscht, der hat bei der nächsten in der Regel weniger Schwierigkeiten, so auch bei richtigen Sprachen.

Dabei wird uns das Verlässliche einer neuen Anlage eine große Hilfe sein. Mal sehen, wie lange wir diesem Projekt folgen werden mit besonderem Blick auf die Kompatibilität mit anderen Projekten und allgemein käuflicher Hardware. Mit Sicherheit aber lernen wir viel über die Protokolle und die Teile, die man beeinflussen kann.

Bisher haben wir viel über die herkömmlichen Komponenten in einem Märklin-System gelernt. Jetzt kommt hoffentlich die Moderne hinzu, z.B. eben in Form eines neueren ICE-Antriebs und der Steuerung verschiedener Funktionen. Vorsichtig auseinandergenommen werden muss er dazu schon, aber mit der Vorgabe, das ganze Paket nach Abschluss unserer Messungen evtl. noch mit einem Abschlag verkaufen zu können.

Jetzt kommt auch endlich mal unser altes Oszilloskop zum Einsatz. Bisher hat es sich nach Kräften gesträubt. Es stellt sich also die Frage, ob wir es noch zum Laufen bringen, oder ob ein neues hermuss. Und dann geht es entweder um ein sehr kleines, aber leistungsfähiges für 100 € oder ein größeres für 300 €, alles China-Ware, die inzwischen auch von deutschen Firmen verkauft wird.

Also wird das Start-Set gekauft. Unglaublich, aber wahr, wir haben zurzeit kein Auto, wie auf unserer Internet-Website schon genügend erwähnt. Also bis Februar warten? Denn bei Märklin muss man zunächst eine Registrierung ausfüllen, erhält dann einen Gutschein und geht mit dem zum Fachhandel.

Unser nächster ist ca. 40 km entfernt und müsste dann mit dem Zug erreicht werden. Allerdings könnte man da so unglücklich ankommen, dass alle Start-Sets vergriffen wären. Aber zum Glück gibt es ja das Telefon. Und die nette Frau am anderen Ende hat mir ein unschlagbares Angebot gemacht.

Also schicke ich ihr jetzt eine E-Mail, in der wir die nötigen Personalien angeben. Trotzdem kommt es noch einmal anders und wir müssen doch noch bei Märklin reservieren. Den Gutschein übersenden wir dann an den Händler, der schickt eine Rechnung und nach Bezahlung das Start-Set und die damit verbundenen Goodys.

Dann laufe ich hier tagelang, natürlich nur im Haus, mit einer Märklin-Strickmütze rund. Aber immerhin, den neusten Märklin-Katalog und das Magazin werden wir mit Interesse anschauen. Profiteure der ganzen Aktion sind natürlich Sie, die hier zusätzlich zu einem schon vorhandenen System mit einer Alternative ohne die erwähnten Mehrkosten konfrontiert werden.

▣‖ Hochleistungsmotor

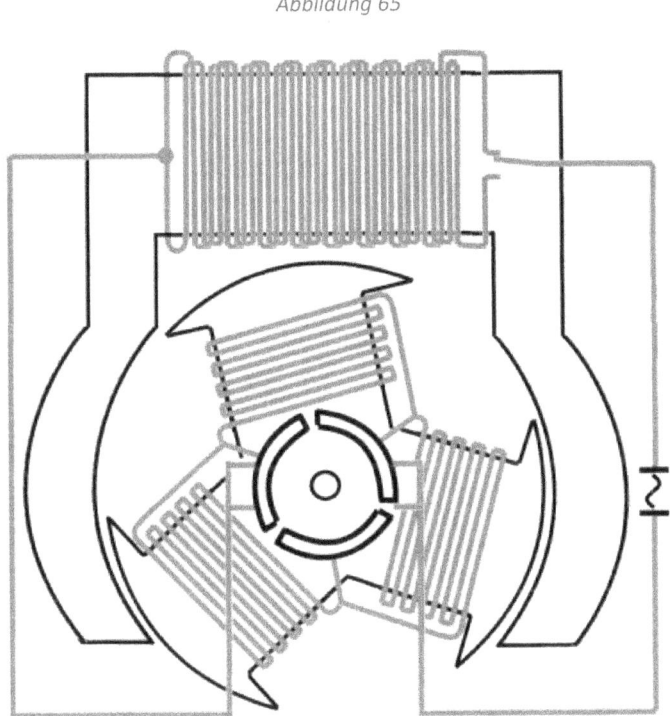

Abbildung 65

Etwas komplizierter wird es schon, wenn man den Motor für Wechselstrom umbauen will, so wie es bei dem Allstrommotor von Märklin der Fall ist. Der Permanentmagnet ist einem elektrischen gewichen. Den in Reihe zu dem Anschluss an den beiden Kohlebürsten hätte schon gereicht. Die Lok wäre gefahren, allerdings nur in eine Richtung.

Eine Umkehr der Bewegungsrichtung wäre durch Umpolen der Feldwicklung oben möglich, aber bei Märklin ist man einen anderen Weg gegangen. Man hat eine zweite Wicklung in Gegenrichtung aufgebracht und kann die nun durch den Schalter oben rechts jeweils für Vor- und Rückwärtsfahrt in den Stromkreis einklinken.

Allein die Betätigung des Schalters muss eine Herausforderung sein, denn man hatte früher nichts anderes als einen Drehknopf. Nein, nach links und rechts jeweils eine Geschwindigkeitsskala wie z.B. beim schon gezeigten Trix-Trafo wäre nicht möglich gewesen. Dazu wäre etwas Elektronik nötig gewesen, aber die hatte man noch nicht zur Verfügung.

Der Märklin-Trafo erhielt lediglich einen Drucktaster am Geschwindigkeitsregler. Dessen Betätigung bleibt auch kaum einem/r Besucher/in einer solchen Anlage verborgen, denn ab und zu gibt eine Lok stehend ein besonderes Geräusch von sich und die Lampen werden deutlich heller.

Was passiert da grade? Nun, jetzt wird die Lok nicht mehr mit 12 Volt oder etwas mehr beaufschlagt, sondern erhält kurzfristig die doppelte Spannung. Dies wiederum veranlasst einen weiteren in die Lok eingebauten Elektromagneten, den Schalter oben rechts umzulegen.

Eigenartigerweise schafft er es, jeweils einen Wechsel der Schalterstellung zu erreichen, obwohl er immer den gleichen Stromstoß erhält. Auch die mechanische Verbindung zu einem Hebel nach draußen schafft das. Im Grunde wird die Schaltzunge jeweils so verlassen, dass sie bei erneuter Betätigung in die andere Richtung ausschlägt.

Abbildung 66

Hier sehen Sie das Wunderwelt der Technik und können konstatieren, was schon damals alles rein mechanisch möglich war. Und noch so ein Feature: Drückt man zwei Mal, werden zusätzlich die Magneten für die beiden Telex-Kupplungen wirksam. Der von der Kupplung des Anhängers kommende Ring wird so angehoben, dass die Lok drunter wegfahren kann.

Abbildung 67

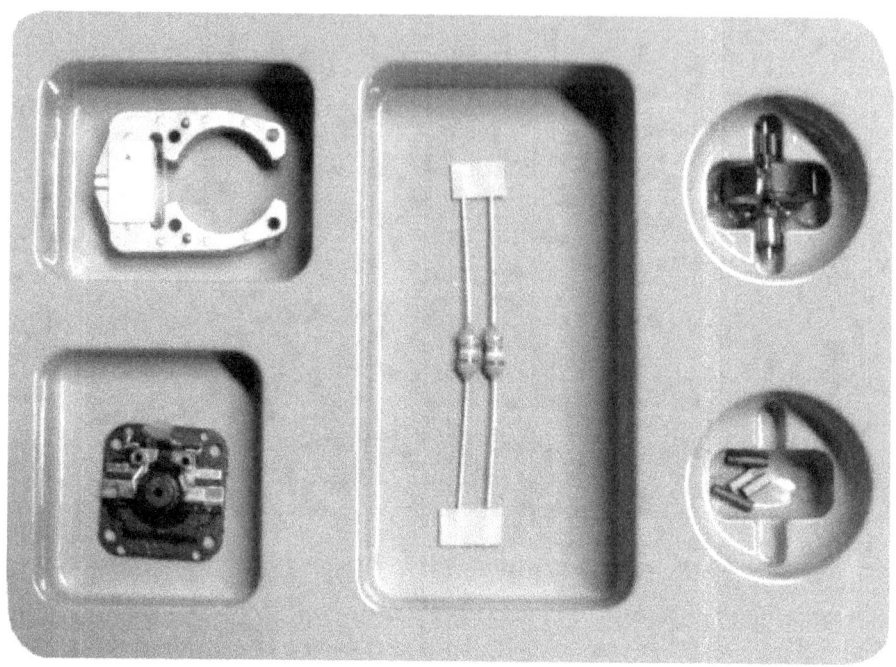

Das ist jetzt das Nachrüst-Set 60941 von Märklin, zu kaufen ab etwa 27 €, wobei die Richterskala auf der nach oben offen ist. Mit dieser erhält die Lok einen Permanentmagneten und einen Rotor mit fünf Wicklungen und den entsprechenden Motordeckel. Was bringt das? Für uns hier natürlich so eine Frage, denn die ganze Lok hat nur 28 € gekostet.

Die fehlende elektromagnetische Erregerwicklung macht klar, dass dieser Motor künftig mit Gleichstrom angesteuert wird. Er wäre also auch eine Option für uns, wenn wir nur für unsere Anlage hätten umstellen wollen und nicht auf digitale Steuerung.

Der Rotor mit den fünf Wicklungen und entsprechendem Kommutator ist schon eine feine Sache. Der begründet die Bezeichnung 'Hochleistungsmotor', der neue Permanentmagnet eher nicht.

Abbildung 68

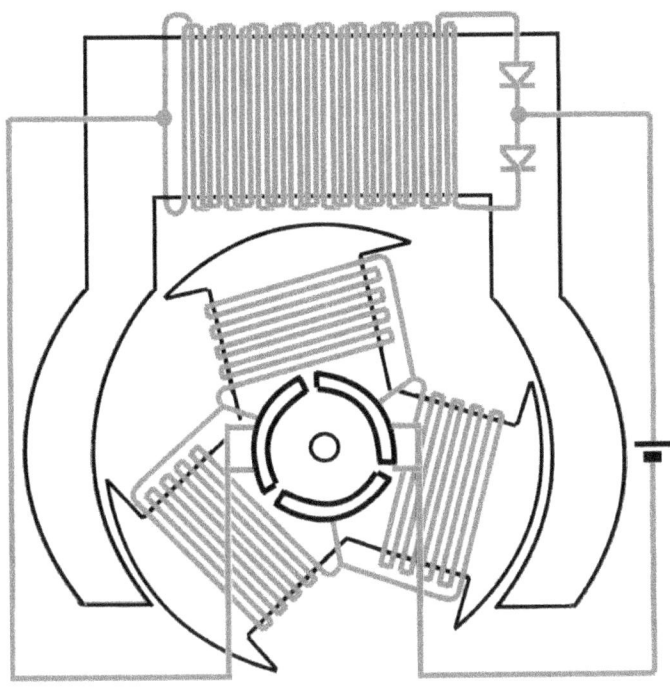

Nein, wir wollen zumindest zunächst nicht noch einmal den gleichen Betrag investieren, den wir schon in die Lok gesteckt haben. Der neue Rotor wäre schön, aber es macht Sinn, abzuwarten, ob nicht die Digitalisierung der Lok einiges an Geschmeidigkeit beibringt.

Wir präsentieren Ihnen deshalb die Lösung oben. Auch hier ist kein Umschalter mehr erforderlich, dessen Platz wir auch dringend für den Lokdecoder u.a. brauchen. Aber wir behalten den Stator mit den zwei gegenläufigen Wicklungen. Durch die beiden Dioden wird je nach Polung eine von beiden mit Strom durchflossen.

▢▌▍▏ Unfaire Behandlung

Abbildung 69

kfz-tech.de/PM212

So, was haben wir bis jetzt erreicht? Das Fernziel ist also die Digitalisierung mit getrennter Einschaltung von Beleuchtung, vielleicht auch für den Führerstand. Im Falle der BR 92 ist sogar die Betätigung der Telex-Kupplungen geplant. Aber zunächst muss diese auf Gleichstrom umgestellt werden.

Wie man mit dem Motor ohne größere Zusatzkosten verfährt, das haben wir im vorigen Kapitel gezeigt. Auch über die elektrische Trennung der Räder einer Achse haben wir schon gesprochen. Die Seite mit den Antrieben soll mit dem Gehäuse verbunden bleiben.

Auf der anderen Seite werden die Räder gegenüber ihren Achsen isoliert. Uns schwebt im Moment Tesafilm vor mit ganz leichter Materialabnahme entweder an den Rädern oder an den Achsen. Zusätzlich werden zwei Stangen als Verbindungen zum Gehäuse elektrisch getrennt.

Wir sind noch nicht ganz sicher, ob wir M2 in Kunststoff kaufen und zusätzlich zu einer ebenso isolierenden Scheibe in das Rad einschrauben, oder gleich einen Satz Gewindeschneider kaufen sollen. Bis wir uns entschieden haben und geliefert wurde, liegt dieses Projekt auf Eis.

Allerdings wollen wir schon jetzt darauf hinweisen, dass so eine ständig mit einer Gleisseite verbundene Lok ein Problem darstellen könnte. Zusammen mit einer anderen dürften die beiden gedreht zueinander große Teile der Anlage lahmlegen. Über die Kupplungen wäre ein Kurzschluss zwischen beiden Gleisseiten möglich.

Auch Drehgestelle von beleuchteten Anhängern dürften nicht mit einer Seite der Räder elektrisch verbunden sein. Je nach dessen Ausrichtung wäre auch hier ein Kurzschluss möglich. Wir brauchen Regeln für die Elektrifizierung von Anhängern. Es ist wohl nicht zu vermeiden, dass zumindest eine umgebaute Märklin-Lok einen Sonderstatus erhält.

Vielleicht nicht weiter erstaunlich, dass uns diese Kapitel Märklin etwas nähergebracht haben. Folgt da etwas draus? Durchaus, eine neue, alte Idee zu verwirklichen, nämlich die der sogenannten 'Starlight Express Lok'. Es wird gerade eine bei ebay angeboten, in 'sehr gutem Zustand, unbenutzt und originalverpackt'.

Es ist ein eher ungeschickt gemachtes Angebot, mit nur einem Hinweis auf 'Zweileiter-Gleissystem', aber trotzdem als Trix 22539. Auf der Lok steht aber 'Märklin', das abgebildete Gleis sieht ebenfalls nach Märklin aus und die Kupplung ist auch irgendwie fremd. Sogar eine Abbildung von unten fehlt.

Anhand der Nummer ist die Lok schwer zu identifizieren. Man muss schon den Hauptkatalog 1998/99 haben, weil die Lok nur 1998 gefertigt wurde. Und in der Preisliste ist sie ebenfalls nicht verzeichnet. Die Situation scheint wie geschaffen für ein zugegeben sehr scharf kalkuliertes Gebot.

Doch dann passiert etwas Seltsames. Eine E-Mail verkündet, dass wir überboten wurden und 5 Minuten später, dass dieses Gebot zurückgenommen wurde. Wortreich wird erklärt, dass dies kurze Zeit nach der Eingabe und deutlich vor dem Ende der Restzeit noch möglich ist.

Weiter nichts. Dass damit unser Limit aufgedeckt wird, scheint Ebay nicht zu interessieren. Das zurückgenommene Gebot versetzt jemanden in die Lage, uns ganz kurz vor Schluss sehr gezielt zu überbieten. Es gibt nicht das normale Risiko, entweder zu viel zu bezahlen oder zu verlieren.

Arbeitet der/die Verkäufer/in mit so einem/r Bieter/in zusammen, so kann er/sie vermeiden, dass jemand sehr hoch angesetzt hat, dieser Betrag aber nicht bezahlt werden muss, weil ein/e Zweitbieter/in fehlt. Er/Sie kann jemanden bitten, knapp unter diesem Gebot zu bleiben.

Wir können, ehrlich gesagt, nicht verstehen, wie Ebay dieses eherne Prinzip des Bietens aufgeben konnte. Jedenfalls schadet es uns ggfls. Und so haben wir ein wenig die Lust am Ersteigern der Lok verloren. Folgerichtig hat Ebay auch nicht auf drei E-Mails geantwortet.

Abbildung 70

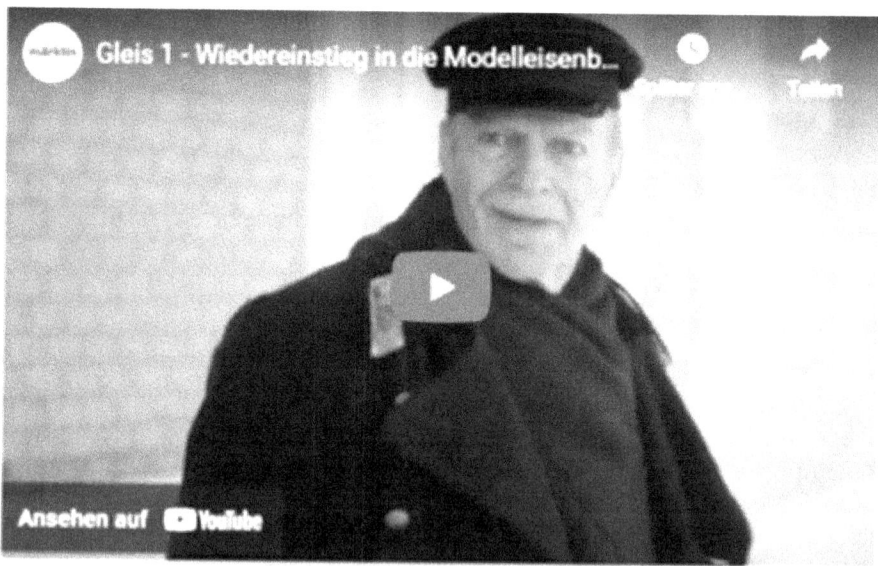

kfz-tech.de/YM225

▯▐▌ Car 1

kfz-tech.de/PM214

Kann es sein, dass wir, obwohl schon in zwei Büchern den Neubeginn einer Modelleisenbahn beschreibend, in Wirklichkeit auf ein System mit Straßenverkehr aus sind? Wir haben es schon einmal im Kapitel 'Digital 1' erwähnt. Schließlich heißt unsere Basis noch 'kfz-tech.de'.

Natürlich passt es gerade wieder einmal nicht, schließlich kommt hoffentlich morgen ein nagelneues Start-Set von Märklin hier an, für das wir schon gestern angefangen haben, Platz zu schaffen. Aber wir haben bisher immer Projekte neu angefangen, obwohl andere noch liefen.

Was wäre das für ein Buch, dass immer alles fertig macht, bevor es etwas Neues beginnt? Schließlich gibt es verschiedene Interessen und wir wollen Sie nicht während z.B. 8 Kapiteln über ein Thema, dass Sie nicht interessiert, als Leser/in verlieren. Allerdings hoffen wir jedes Mal, doch noch Ihr Interesse wecken zu können, in diesem Fall zum Thema 'Car System'.

Wir haben uns schon manches dazu angeschaut. Leider erklären die schon mit den Systemen Erfahrenen immer auf sehr hohem Niveau. Einen Neuling (ohne weibliche Form) interessiert nicht, wie viele Variationen es von dem Prozessor auf der vorgestellten Platine gibt. Wer in dieses Thema einsteigt, will möglichst schnell ein Fahrzeug über die Anlage fahren sehen.

Also haben wir z.B. das fortschrittlichere System von Viessmann erst einmal ad acta gelegt und auch den Ersteinstieg in das private Open Source Projekt Open Car-System verworfen. Wer will, kann ja da selbst auf Internet-Suche gehen. Wir haben uns geschworen, ganz vorne anzufangen.

Da fährt ein Auto, einmal die Stromversorgung vom an Bord befindlichen Akku eingeschaltet, an einem Draht entlang. Dazu ist ein Draht unmittelbar unter der Fahrbahn verlegt und mit Spachtel unsichtbar gemacht. Darüber z.T. richtig schöne Straßenanlagen, gerne auch mehrspurig mit Möglichkeit zum Abzweigen.

So etwas wollen wir auch haben. Wir kaufen keine Fräse, sondern werden unsere Handbohrmaschine mit Dremel-Werkzeug benutzen. Wie gesagt, wir stehen noch ganz am Anfang. Da wäre natürlich ein Start- Set angezeigt. Leider finden wir kein Weihnachts-Sonderangebot wie aktuell bei Märklin.

Es kann sein, dass wir etwas übersehen haben, aber wir reagieren trotzig. Da ist zunächst die Frage, was denn so ein Start-Set beinhaltet, außer dem Fahrzeug Draht, Spachtel und Farbe. Hinzu kommt noch etwas Ausstattung für Straßen, z.B. Markierungen, Leitplanken und Fahrbahn-Begrenzungen.

Sie ahnen vielleicht schon, wohin wir unsere Reise in Richtung Car Systems daraufhin gelenkt haben. Da ist so ein gebrauchter Bus (Bild oben), auf den geboten werden kann. Wir haben also vor, alles Übrige aus dem Startpaket aus eigenen Beständen und Zukauf in günstigerem Maße zu beschaffen.

Warum ausgerechnet mit einem Bus beginnen? Immerhin verzeiht der mehr als ein anderes Fahrzeug, dass er auf der Anlage alleine ist. Außerdem ist der Überhang so groß, dass man den vorderen Ausleger mit dem Magneten nicht so stark wahrnimmt. Es gibt Systeme, da ist der grundsätzlich weniger auffällig als bei Faller.

Wir haben durchaus auch die Absicht, mehr als ein einziges System auf einer Anlage zu etablieren. Aber erst einmal die Möglichkeiten von Faller erkunden. Natürlich wollen wir Stopps und langsames Wiederanfahren von außen steuern können. Faller verspricht Ultraschall-Ortung und vollautomatische Abstandssteuerung.

Wie so oft dürfen wir zum Schluss auch etwas spinnen. Im wahrsten Sinne des Wortes haben wir offensichtlich im Gegensatz zum Hersteller den Anspruch, dass so ein Auto selbst zum Laden fährt und von dort wieder in den Verkehr der Anlage ohne von Menschenhand berührt worden zu sein. Auch wenn es eine Stunde dauert. Oder haben wir da etwas übersehen?

Lesen Sie mehr dazu in den über 40 Seiten des frei ladbaren, 500 Seiten starken Faller- Katalogs.

Abbildung 71

kfz-tech.de/YM227

Abbildung 72

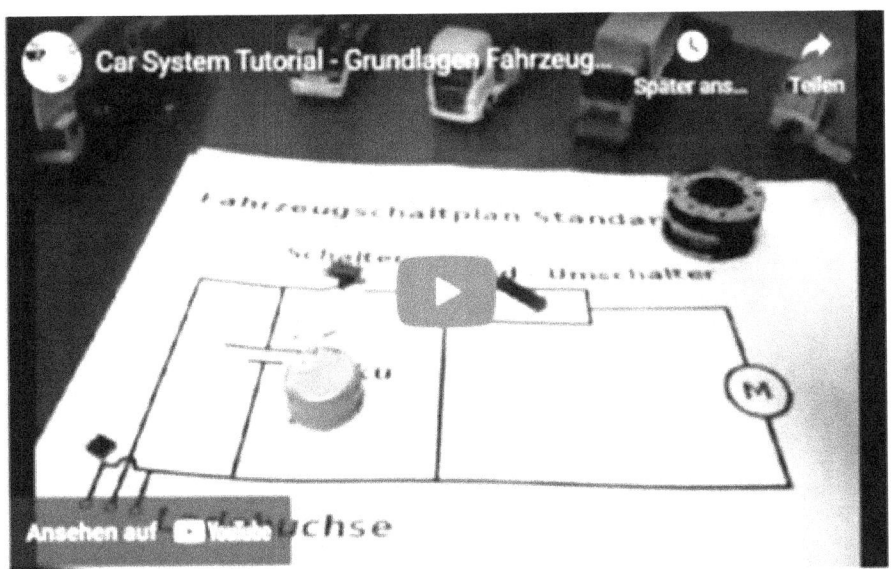

   kfz-tech.de/YM225

◻|| Digital-Set

Abbildung 73

Zugegeben, wir haben den Spruch nicht selbst ausgedacht, sondern haben den Spruch von einem Youtuber: 'Wenn Du eine Frau kennenlernen willst, sag' um Himmels Willen nicht, dass Du eine Modellbahn hast oder Modellbahner bist.' Ist der eigentlich frauenfeindlich, weil er ja modellbahnende Frauen ausschließt? Ob das also auch für modellbahnbegeisterte Frauen gilt, keine Ahnung.

Nein, wir wollen hier einmal unserer Freude an so einem für uns wiedergewonnenem Hobby Ausdruck verleihen, und damit auch die begrenzte Vielfalt, in der wir es betreiben. Übrigens, da wir gerade bei Youtubern sind, hier ein aus unserer Sicht echtes Ärgernis.

Es ist sicherlich eine Sache von Märklin, das Auspacken und den Aufbau der Startpackung auch in der epischen Breite bei YouTube zu zelebrieren. Es soll ja immer noch Leute geben, die eine Anleitung oder ein Forum brauchen, um ein Bild aufhängen zu können. Das Problem ist nur neben dem sich künstlich dumm stellenden Moderator der zugeschaltete Experte.

Der wird hier als 'Seminarleiter' angekündigt. Ärgerlich wird es, wenn ihm die Frage gestellt wird, ob es denn der modernen C-Gleise der Startpackung unbedingt bedarf. Sie ahnen schon, worauf die Antwort des sogenannten Experten hinausläuft. Immerhin konzediert er, dass es Übergangsstücke zu älteren Gleisen gibt.

Aber dann geht das Geratter los. Zunächst bemüht er zusätzlich seine Kollegen, um den dringenden Rat zu geben, doch bitte auf das C-Gleis umzuschwenken. Natürlich 'fährt jeder Artikel und jeder Wagen am saubersten und am schönsten über das C-Gleis'. Da hat man die wenigsten Probleme.

Dann verweist er auf 'ein paar Einschränkungen'. Da werden der ganz neuen Lokomotive u.U. Probleme angedichtet, über eine 'rustikale Weiche' zu fahren. Es folgt das Märchen von den Konstellationen, die im digitalen Betrieb in Zusammenhang mit den alten Gleisen nicht unbedingt umsetzbar sind.

Angeblich gibt es Schwierigkeiten mit den Kontaktgleisen. Als wären die erst in der digitalen Zeit erfunden worden. Und der Moderator spielt den Dummen, Kontaktgleise erst nach viel weiterer Lernarbeit kennenlernen zu können. Diese geschickte Rollenverteilung zwischen zu expertenhaft und zu unbedarft wirkt zwar albern, sei ihnen aber verziehen.

Wobei natürlich die Frage ist, ob man Kontaktgleise nicht eher bei der Automatisierung von analogen Anlagen gebraucht hat und deren Bedeutung im digitalen Zeitalter eher abnimmt. Zwischendurch offenbart der angebliche Laie doch eine ganze Menge an Lobeshymnen über die moderne Steuerung von Märklin.

Hat die Firma so ein Affentheater wirklich nötig? Sie hat doch Ewigkeiten damit geworben, dass man besonders nachhaltig vorgeht. Märklin Fans können nicht ablassen von der Behauptung, man könne jedes jemals produzierte Ersatzteil auch heute noch von Märklin bekommen, was wir, offen gestanden, nicht so recht glauben.

Aber zweifellos merkt man den Konstruktionen besonders auch der älteren Loks an, dass sie zwar nicht für die Ewigkeit, aber doch für eine lange, lange Zeit entwickelt und auch gebaut wurden. Wir wollen die Firma nicht gleich mit Rolls-Royce vergleichen, wo ein Auto wie selbstverständlich in die nächste Generation vererbt wurde.

Im Katalog oben von 2022, S. 382, wird drei Mal das Nachrüstsatz-Set für den Hochleistungsmotor angeboten. Ob zwei- oder fünfteilig, immer der gleiche Preis, für Märklin eher ungewöhnlich. Man will helfen, verschiedenste alte Loks in die Neuzeit zu überführen. Da passt der Appell überhaupt nicht zu, alle alten Schienen zu ersetzen.

Und dann wieder einmal die Kosten. Wir haben allein für die paar C-Gleise der Startpackung etwa 165 € ausgerechnet. Aber klar, der Verkauf gebrauchter Hardware ist Märklin ein Dorn im Auge. Wer gebraucht kauft, der kauft nicht neu. Obwohl, vielleicht würde er/sie sonst gar nicht kaufen bzw. sich das Hobby nicht mehr leisten können.

Abbildung 74

kfz-tech.de/YM214

◻️|❘❙ C-Sinus-Motor

Abbildung 75

Den sogenannten Hochleistungsmotor von Märklin haben Sie schon kennengelernt. Kurz zusammengefasst ist es ein auf Permanentmagnet umgestellter Allstrommotor mit fünfpoligem Anker. Durch den Permanentmagnet ist die Stromaufnahme deutlich verringert.

Die Motoren von Märklin sind in aller Regel quer eingebaut. Das ermöglicht einen Stirnradantrieb. Im Gegensatz zu dem mit Schneckentrieb erfordert er mehr Zahnräder, kann aber von den Rädern her durchgedreht werden, was kurze Störungen bei der Stromaufnahme leichter überwinden hilft.

Das geht noch viel weiter, hat nämlich, ähnlich wie beim Auto, mit der Lage des Motors zu tun. Längs oder quer, das ist hier die Frage, wobei Märklin wegen besagter Stirnräder nur bei Letzteren bleiben kann, Trix hingegen außer bei der kleinsten und günstigsten Lok auf längs setzt.

Das hat gewisse Vorteile, z.B. den unserer Lieblingslok der Baureihe 101, dass ein Motor in der Mitte beide Drehgestelle antreiben kann und noch Platz für Schwungmasse hat. Wandert der Motor noch tiefer in das Chassis bzw. in das Drehgestell hinein, bleibt noch Platz für das Innendesign darüber.

Bei den Motoren beschreitet Märklin nicht nur mit dem Hochleistungsmotor neue Wege. Alles, was vorher ein Umschalter mit diversen Kontakten gemacht hat, wird jetzt durch Elektronik erledigt, unabhängig davon, ob es sich um eine digitale oder analoge Lok handelt. Aber der eindeutig weitere Schritt in die Zukunft ist der C-Sinus-Motor.

Man kann ihn durchaus mit den Fortschritten bei Motoren von reinen E-Autos vergleichen. Auch die haben, jedenfalls wenn sie neuerer Bauart sind, keine Kohlebürsten mehr. Ist ja auch eine Technik von vorgestern, gepaart mit Reibung und Verschleiß. Der C-Sinus-Motor ist die logische Folge der Abschaffung des mechanischen Fahrtrichtungswechsler.

Da nämlich analoge Märklin-Loks natürlich weiterhin mit Wechselstrom betrieben werden, brauchte man eine Elektronik, um die Steuerung entsprechend einer geänderten Fahrtrichtung umsetzen zu können. So stellen wir uns die Entwicklung jedenfalls vor, denn der neue Motor braucht ebenfalls elektronische Zuwendung.

Hier sind Rotor und Stator vertauscht. Letzterer beherbergt die Wicklungen, die auf die stolze Zahl von 9 angewachsen sind. Drumherum läuft ein schlanker Rotor mit 12 Permanentmagneten. Das ist schon eine Ansage in Richtung gleichmäßige Kraftentfaltung auch gegenüber dem fünfpoligen Vorgänger.

Übrigens ist es bei E-Autos gerade umgekehrt. Hier rotiert der Permanentmagnet innerhalb eines vielpoligen Stators. Da hat man ja auch genug Platz, während man den bei Märklin dringend für Gestaltung übrig hält, seit es bei der guten, gleichmäßigen LED-Beleuchtung üblich geworden ist, einen tiefen Blick auch in die Waggons hinein zu werfen.

Natürlich ist das mit der Steuerung nicht so einfach, sonst gäbe es schon lange solche Motoren auch für den Modellbereich. Es muss in den Polen mit Hilfe von Elektronik ein umlaufendes magnetisches Feld geschaffen werden, dem der Außenläufer mit seinen Permanentmagneten folgen kann. Die Schaltung dazu wird der des Decoders hinzugefügt.

Grob unterschieden gibt es drei Versionen des C-Sinus-Motors. Die erste war noch recht groß und für kleine Loks nicht wirklich geeignet. Das hat man mit der zweiten recht gut hinbekommen. Interessant, dass sich bei beiden Motoren ein ehemaliger Vorteil der Märklin-Antriebe in einen Nachteil verwandelt.

Man war ja doch so stolz darauf, dass die Loks nach Abschaltung des Stroms noch einigermaßen harmonisch ausliefen, bedingt durch ausschließlich Zahnräder als Getriebe. Allerdings war die Selbsthemmung der neuen Motoren so gering, dass ein Zug, an einer Steigung angehalten, wieder zurücklaufen konnte.

Vermutlich behoben hat man das, indem man jetzt doch den Motor in der liegenden Position einbaut und das Drehmoment durch einen Schneckentrieb übertrug. Geblieben sind natürlich die Vorteile des Motors, neben der weitgehenden Wartungsfreiheit der z.T. nur noch halb so hohe Stromverbrauch und das starke Anzugsmoment.

Letzteres hat aber dann wieder zu Irritationen geführt, nämlich gab es offenbar zuckende Bewegungen von Loks, die erst nach und nach durch geändertes Layout der Platine gemildert werden konnten. Ganz weg ist es offensichtlich durch eine Neukonstruktion, in der die Wicklungen in den Stator und die Permanentmagneten in den Rotor gewandert sind.

Das Besondere an letzterer Konstruktion ist, dass die Magneten sich nicht streng nach Polung geordnet ein bestimmtes Kreissegment teilen, sondern auf ihre Länge innerhalb des Rotors ähnlich einem großen Gewinde in die Nachbarfelder hinüberwandern. Sämtliche C-Sinus-Motoren standen dann auch für das Trix-Gleichstromsystem zur Verfügung.

▢||| Car 2

Abbildung 76

kfz-tech.de/YM211

Verkehrsregeln scheinen auf dieser Anlage nicht zu gelten.

Wir befassen uns zunächst weiterhin mit dem System von Faller. Hier gibt es auch noch andere Einsteiger-Sets. Allerdings reden wir da von 800 €. Aber anschauen kann man es ja mal. Wir sind noch nicht einmal sicher, ob wir mit diesem Set die Premium-Version erreicht haben, die dann wirklich mit allen Fahrzeugen einer Anlage Kontakt aufnimmt.

Besonders auffällig sind die drei Ultraschall-Satelliten, die im Prinzip über der Anlage in Form eines Dreiecks verteilt werden müssen, nicht zu weit weg von ihr, aber mit genügend Abstand voneinander. Gegenparts zu diesen müssen natürlich zusätzlich zu dem Set noch in die Fahrzeuge eingebaut werden. Dafür kann hier der Reed-Kontakt entfallen.

Die Satelliten werden per Kabel vom Master aus mit Strom versorgt, halten aber Datenkontakt zu ihm per Funkverbindung. Der Master braucht ein Steckernetzteil und ist per USB mit dem Computer verbunden. Viel Gedöns macht Faller mit den Lizenzen für das Computerprogramm, das doch eigentlich nur mit der Hardware Sinn macht.

Wichtig ist es zu erwähnen, dass die ganz normale Steuerung der Lenkung weiterhin über den Magneten an der Vorderachse und den Eisendraht in der Fahrbahn funktioniert. Von einer möglichen Steuerung der Fahrzeuge vom Computer aus kann man nur träumen. Dabei soll die Ortung der Fahrzeuge um ca. 10 mm genau möglich sein.

Noch besser: Existieren für das Fahrzeug durch Überdeckungen z.B. bei einem Tunnel momentan keine realen Daten der Ortung, kann diese durch Extrapolierung der bisherigen festgelegt werden. Allerdings funktioniert das offensichtlich nur bei relativ kurzen Unterbrechungen. Noch ein Element brauchen Sie nicht mehr auf Ihrer Anlage, die fest fixierten Stoppstellen.

Sie können sich vorstellen, dass man ein so ausstaffiertes Fahrzeug über diese bidirektionale Schnittstelle überall auf der Anlage anhalten kann. Auch die Anfahr- und Dauergeschwindigkeit ist einstellbar, beeinflusst von einer Abstandssteuerung. Sind alle Hindernisse digital erfasst bzw. gesteuert wie z.B. eine Ampel oder ein Bahnübergang, kann natürlich darauf reagiert werden.

Man fühlt sich, wie bei einem Decoder der Modellbahn. Umgekehrt erfährt man bei Bedarf den Akku-Ladestand und natürlich die momentane Position des Gefährts. Abbiegen kann man aber durch eine Steuerung des Fahrzeugs selbst nicht. D.h. die Weichen des herkömmlichen Systems müssen bleiben.

Und natürlich kann in das System, welches wir eigentlich im Endzustand für unsere Modellbahn anstreben, eine Art Programmierung eingebracht werden. Dabei werden unsere nacheinander eingegebenen Befehle zusätzlich noch auf Realisierbarkeit überprüft und ggf. abgewiesen. Allerdings ist alle Rücksichtnahme auf Ereignisse schwierig, die dem Computer nicht bekannt gemacht werden.

Bei der herkömmlichen Anlage fahren die Autos schließlich auch, aber stets mit voller Geschwindigkeit, Licht immer an oder aus, natürlich ohne den Blinker zu setzen. Blaulicht an Wagen der Feuerwehr wäre möglich, solange die unterwegs sind. Einfach an den Motor koppeln.

Aber man hätte das komplette System mit den Weichen und Stoppstellen in der Hand, könnte sich sogar Melder in Form von Reed-Kontakten in der Fahrbahn vorstellen, die Rückmeldungen geben, dass der Magnet an der

Vorderachse gerade passiert hat. Gibt es davon viele, wäre auch eine Verfolgung und Bestimmung exakt eines Fahrzeugs möglich.

Auch brauchen wir beim alten System zwar einen Reed-Kontakt im Fahrzeug, der aber wesentlich kleiner ist als die Ultraschall-Kapsel. Eigentlich sollte man doch ohnehin kleiner werden, um sich auch den Pkw-Bereich erschließen zu können. Davon kämen wird mit diesem 3D-System weiter weg.

Prinzipiell abraten müssen wir leider auch vom Selbstbau von Fahrzeugen, weil z.B. auf der unten angegebenen Internetseite https://www.modell-bahn-tipps.de/modellbahn-tipps/infracar-car-system.php immer noch von dem Motor, der Lenkung und dem großen Zahnrad an der Hinterachse ausgegangen wird, Teile für über 40 € plus Grundmodell, Akku u.a.

Da hoffen wir bei Gebrauchtteilen günstiger heranzukommen. Auch die Rahmen mit Fahrwerk und Antrieb von Faller sind in Bezug auf Sparen keine Hilfe. Immerhin enthält diese Seite eine Idee, nämlich an den beiden Rückspiegeln zwei blanke Drähte hervorlugen zu lassen, die man zum automatischen Laden nutzen könnte.

Kombination verschiedener Car-Systeme . . .

Abbildung 77

kfz-tech.de/YM210

◻▥ Car 3

Abbildung 78

kfz-tech.de/YM29

Wenn man an Viessmann Car Motion denkt, kann man froh sein, so spät zur Modellbahn zurückgekehrt zu sein. Denn immer wieder gibt es Neuheiten, entweder bislang noch nicht mögliche Funktionen mit sich, oder solche, die man vielleicht in einen bezahlbaren Zustand bringen kann.

Ein solches ist das ziemlich neue System von Viessmann. Im vorigen Kapitel haben wir nach Abwahl der ganz großen Lösung eine gewisse Variabilität schmerzlich vermisst. So wäre mit der einfachen und kostengünstigen Faller-Lösung z.B. eine verlässliche Verhinderung von Auffahren bzw. das Abbiegen mit Blinker an Kreuzungen nicht möglich gewesen.

Viessmann bietet zwar doppelt so teure Autos an, aber die verfügen über eigene Intelligenz, die nicht nur für bidirektionale Datenübertragung verwendet wird. Sie kann auch ohne jede Beeinflussung von außerhalb eigene Entscheidungen treffen.

Das kommt durch das Ersetzen des Fahrdrahtes von Faller durch einen magnetischen Fahrdraht, 8 mm breit und 1 mm tief, ebenfalls in der Fahrbahn einzubringen. Wer sich viel Arbeit sparen will, fräst nicht in der Platte, sondern sorgt für entsprechend leicht zu bearbeitenden Fahrbahnaufbau (Video unten).

Natürlich ist schon das ein Garant für noch sichereres Lenken oder Folgen der Fahrspur, aber es stecken noch mehr Möglichkeiten in dem System. Man kann nämlich zusätzlich noch Magneten neben dem eigentlichen Magnetband versenken und auf zwei verschiedene Arten in die Bohrungen stecken, entweder Nord- oder Südpol nach oben.

Man kann bestimmte Folgen bilden, z.B. drei Mal nur Nord- oder Südpol bzw. jede andere mögliche Kombination. Diese gibt man dem Computer im Modellauto bekannt und koppelt sie dort mit bestimmten zu verrichtenden Tätigkeiten wie u.a. den Blinker zu setzen.

Das gilt dann an dieser Stelle nur für dieses eine Auto. Andere, nicht entsprechend programmierte Fahrzeuge fahren unverrichteter Dinge darüber hinweg. Die Erfahrung wird uns lehren, wie viele Variationen durch Kombinationen möglich sein werden, aber es handelt sich hier um individuellere und damit praxisnähere Abbildung von Verkehrsgeschehen.

Natürlich setzen die bei Viessmann da noch eine ganze Reihe von Funktionen drauf, die ein Steuern über IR-Fernbedienungen nachempfunden sind, aber uns würden die oben beschriebenen Möglichkeiten reichen, vielleicht mit einer Verbindung zum Hauptcomputer beim automatischen Laden.

Dann könnte man von einer Stelle aus Programme neu schreiben bzw. in die Anlage geben. Mit einer Fernbedienung dort herumfuchteln und über Kontakt zum Auto dessen Verhalten ändern wollen wir nicht unbedingt, solange das Lenken klappt. Allerdings stören uns ein wenig die hohen

Preise und mangelndes Angebot an gebrauchten Fahrzeugen, da erst gerade auf dem Markt.

Abbildung 79

kfz-tech.de/YM230

⊡▮▮ 3D-CAD 4

Abbildung 80

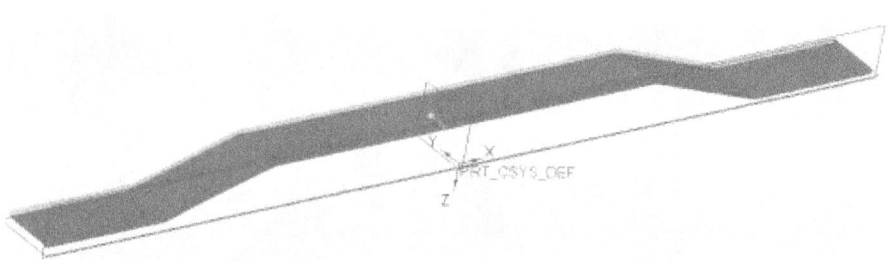

Sorry, sorry, sorry, wir müssen noch einmal von vorn anfangen. Leider bemerkt man das als Anfänger erst mittendrin. Uns fehlten einfach die Mittel, den zu beiden Seiten flach zulaufenden Volumenkörper entsprechend auszuhöhlen. Aber versprochen, heute werden Sie deutlichere Fortschritte sehen. Mit der gezeigten Methode würden Sie sogar zum Endergebnis kommen.

Im Rahmen einer neuen Vorgehensweise beginnen wir tatsächlich, wie es im Bild oben zu sehen ist, also noch mit den flachen Teilen zu beiden Seiten, den schrägen Rampen und der Deckfläche, lassen also die Seiten komplett weg. Wenn wir dann von der Skizze zum Extrudieren schalten, können wir eine Breite von 12 mm eingeben.

Jetzt drehen wir das bisher entstandene Gebilde so, dass wir in das U-Profil hineinschauen können. Nach der erneuten Wahl von 'Profil' klicken wir auf die Unterseite der Deckfläche. Die 'Skizzenansicht' liefert uns dann das gesamte Gebilde von unten, was wir uns in etwas weniger als der vollen Breite noch ein wenig näher heranholen.

Jetzt auf 'Linie' und ein sehr schmales Rechteck am oberen Rand der Fläche, die beiden Schrägen von unten exakt einbeziehend. Ist der obere Rand wirklich bündig, brauchen wir die Höhe dieses Rechtecks nur noch mit 1 mm bemaßen. Dann beenden wir den Skizzenmodus und erhalten eine Wand, die vorne aus dem Deckenteil herausragt.

Da gibt es einen Punkt und ein Maß, mit dem Sie bestimmen können, wie weit die Wand aus dem Innern der Deckfläche herausragen soll. Sie können das jetzt mit der Maus zirkeln, aber besser ist, Sie klicken auf das Maß und geben 8 mm ein. Dabei gehen wir von 9 mm Höhe für den sich bildenden Träger aus.

Abbildung 81

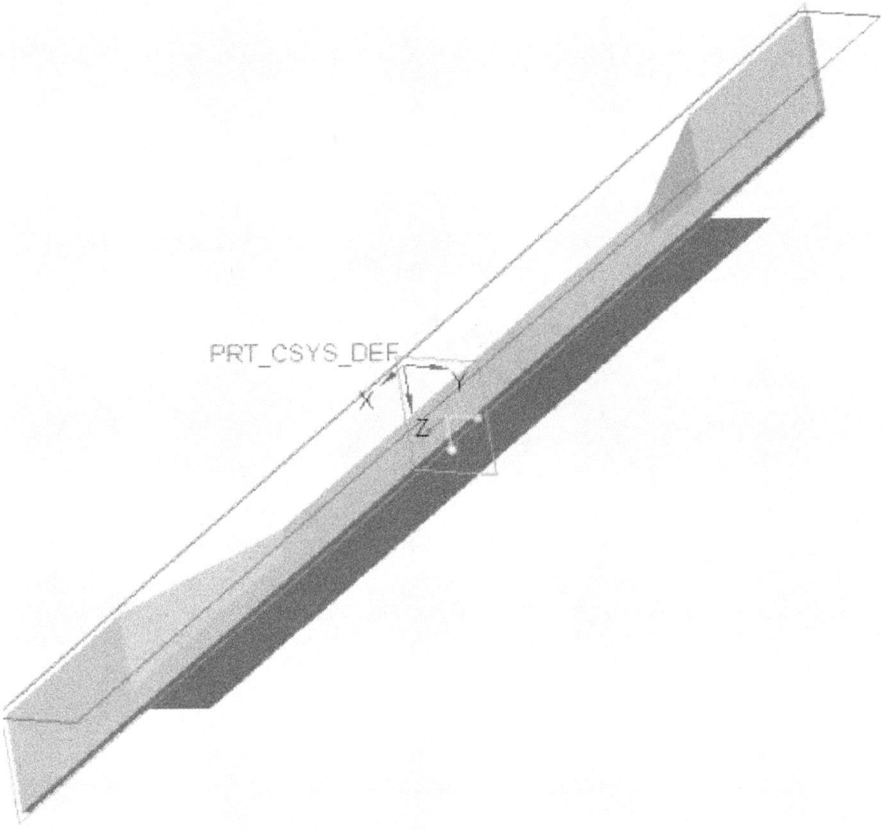

Wenn Sie also ganz am Anfang den Abstand von der Deck- zur Grundfläche mit 8 mm bemaßt haben, müsste sich jetzt eine auch mit den Seitenflächen bündige Unterseite unserer Gesamtkonstruktion ergeben haben. Nur gibt es da noch zwei Ecken über die Schrägen hinaus. Also noch einmal auf 'Profil' und dann eine dieser Flächen von innen anklicken.

Abbildung 82

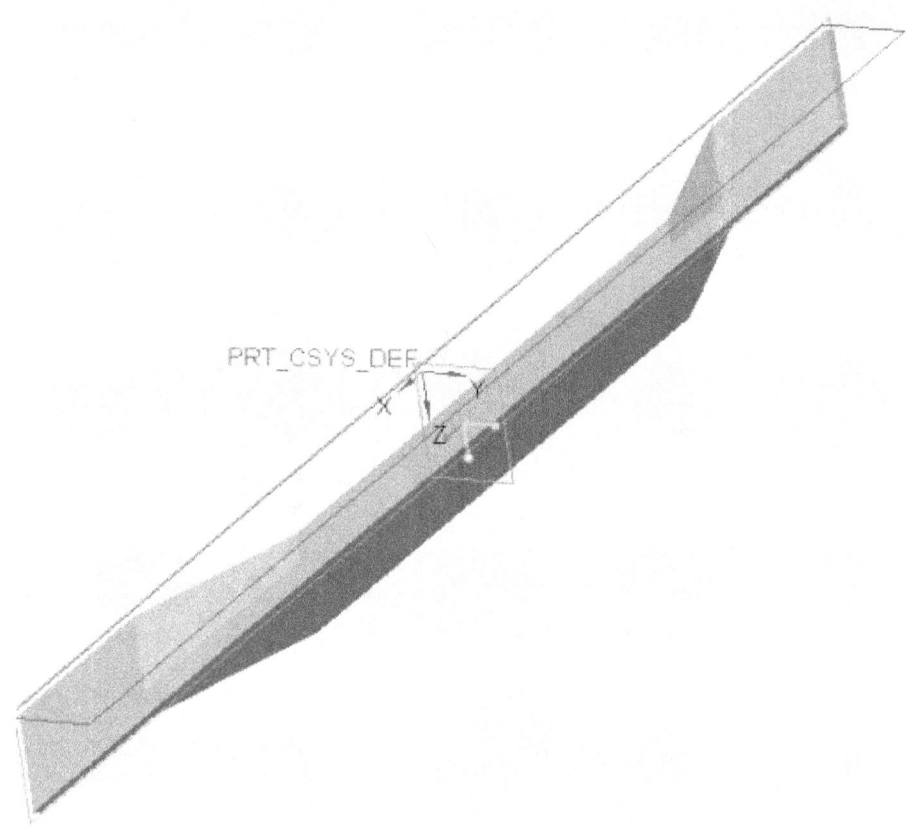

Gehen Sie diesmal nicht auf 'Skizzenansicht', sondern klicken Sie die inneren Ecken des Überstandes so an, dass Sie die entstehende Skizze schließen können. Wenn Sie jetzt den Skizzenmodus schließen, können Sie an dem sich Ihnen bietenden Punkt die Fläche so weit nach hinten schieben, bis sie im Prinzip nicht mehr vorhanden ist.

Abbildung 83

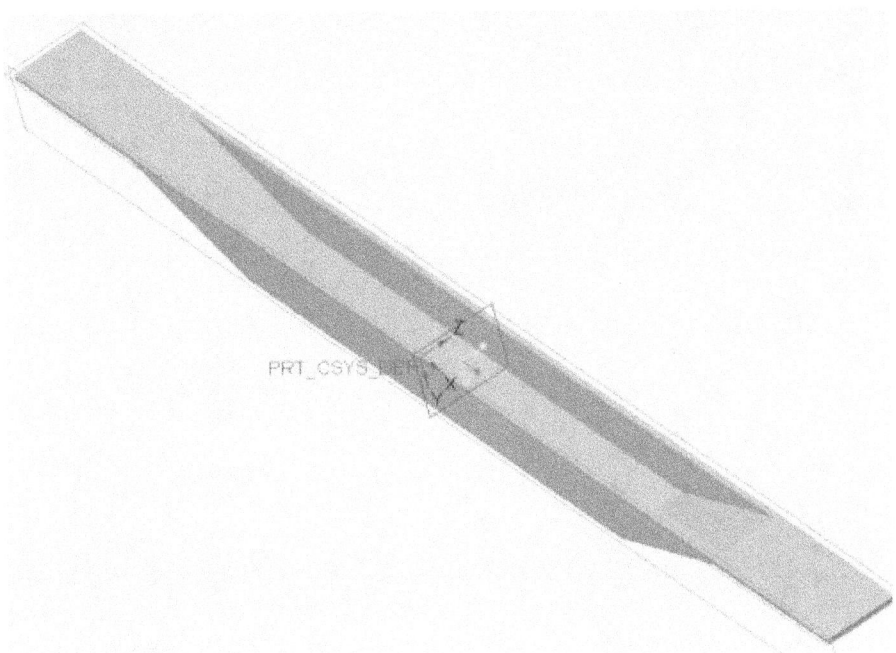

Das Gleiche machen Sie auch mit der anderen Schräge und erstellen so wie hier beschrieben die andere Wand. Sollten Sie jetzt der Meinung sein, dass wir dort schon waren, geben wir zu bedenken, dass Sie von den Außenmaßen her recht hätten, aber wir es vorher nicht geschafft haben, das Innere des Trägers maßgerecht herauszuholen.

Und es geht gleich weiter mit der Profilmethode und dem Ausschneiden. Diesmal holen Sie sich eine der gerade entstandenen Seiten von außen über 'Profil', Anklicken und 'Skizzenansicht'. Wir beginnen mit dem Dreieck 6 mm vor dem Knick oben, 3 mm von unten, 3 mm Höhe und 7 mm Breite. Wieder zeichnen, Skizzenmodus beenden und nach hinten durchziehen.

Diesmal müssten die Dreiecke auf beiden Seiten des Trägers fehlen. Sie brauchen also nur eine Seite des U-Trägers zu bearbeiten. 5 mm weiter beginnt die nächste Öffnung mit dem gleichen Abstand von unten, aber 7 mm breit und 5 mm hoch. Dann alle vier Ecken mit 2.4 mm abrunden.

Abbildung 84

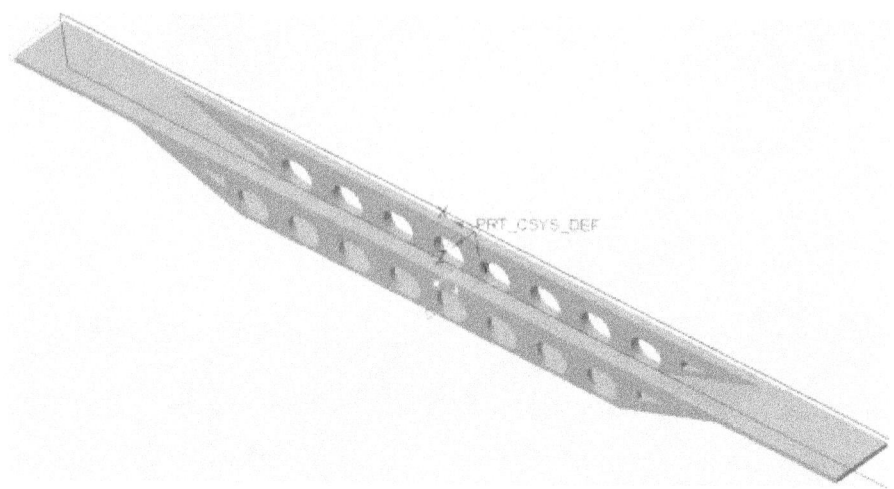

Jetzt geht die Arbeit relativ schnell von der Hand. Alle 5 mm weiter die gleiche Öffnung. Ganz richtig haben wir es nicht gemacht, denn zur Mitte des gesamten Körpers hin blieben nach der fünften Öffnung gerade mal 2,1 mm. Es hätten 2,5 mm sein müssen und wäre möglich gewesen, hätten wir von der Mitte aus begonnen.

Egal, die nächste Öffnung folgt 2,1 mm jenseits der Mitte und dann so weiter bis zum Dreieck auf der anderen Seite. Vermutlich gibt es auch eine Kopierfunktion, die uns das Zeichnen zumindest der fünf Öffnungen rechts erspart hätte, aber so weit sind wir halt noch nicht. Hauptsache, das Teil wird fertig.

▭⦀ Digital 3

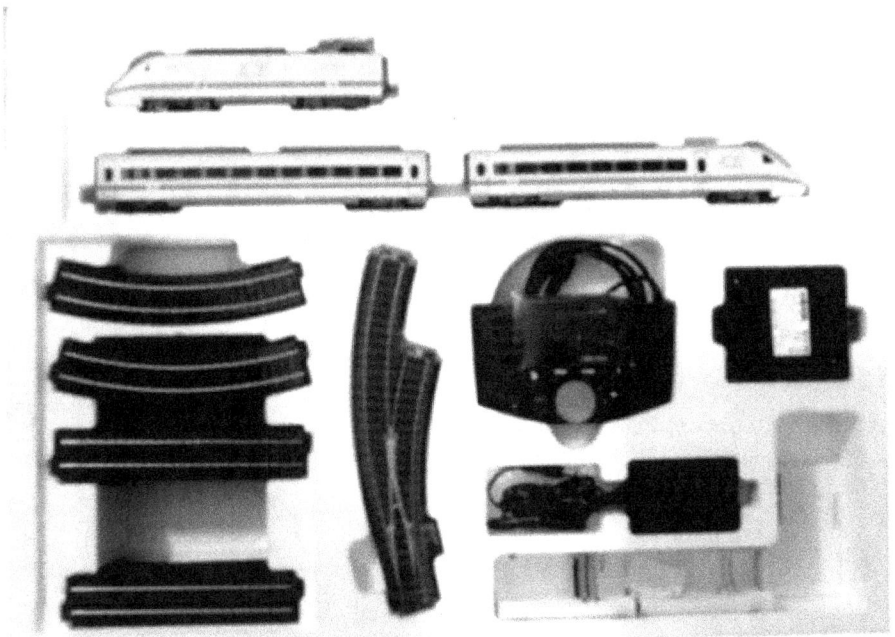

Abbildung 85

kfz-tech.de/PM213

Manchmal fragt man sich, ob die neue Zeit es nicht übertreibt. Werde groß, stark und erzähle möglichst allen davon, scheint die Devise zu sein. Wer bei Tempo und Aufwand nicht mithält, der geht unweigerlich unter.

Trix, seit 1932, ist 1997 von Märklin, seit 1891, übernommen worden, hat nur die Sparte 'International' weitergeführt, vertritt die Gleichstrom-Sparte.

Märklin wiederum wurde 2009 insolvent, konnte sich aber wieder erholen. Fleischmann, seit 1887, ist mit Roco verbunden worden und auf die Spur N reduziert.

Als Antwort auf unseren Trip mit der Märklin Startpackung kommt diese in einem Karton hier an, in den diese spielend drei Mal hineinpassen würde, zusätzlich befüllt mit unsäglich vielen Styropor-Bällchen. Der Kult um die Originalverpackung treibt seine Blüten. Man will verhindern, dass diese irgendwie beschädigt werden könnte.

Das kommt davon, wenn im Internet Verpackungsmaterial bisweilen sogar zum Preis des Inhalts angeboten wird. Bei Märklin kann man sogenannte Vitrinen für 250 € zur Aufbewahrung z.B. von Loks kaufen, ab 750 € kann man per Smartphone sogar die einzelnen Zusatzfunktionen der Lok abrufen, außer Fahren natürlich.

Wir müssen uns natürlich diesem allgemeinen Trend immer mehr hin zu noch mehr Aufwand beugen, denn wir wollen die Startpackung wieder verkaufen, wenn wir alle Forschungen daran beendet haben. Aber der große Karton wird jetzt schon wegen einer günstigeren Lagerung verkleinert.

Insgesamt kommt uns die Geschichte vor wie die von Dick Whittington, aber nicht die von seiner Katze, sondern seine Abwesenheit vom Dorf, einem Schlaf über Jahrzehnte und dann seine Rückkehr. So ähnlich fühlen wir uns auch nach der Rückkehr in die Welt der Miniatur-Eisenbahnen.

Genug des Erstaunens, wir schauen uns zunächst die Schienen der Startpackung an. Man hätte es nicht für möglich gehalten, aber es klickt tatsächlich, wenn man sie miteinander verbindet. Ziemlich aufwendig gemacht, diese Verbindungen. Sowohl links als auch rechts werden beide Leiter weitergegeben.

Das löst das alte Problem des schlechten Kontaktes hier. Es gibt auch kein zusätzliches Anschlussgleis. Mit entsprechend kleinen Kabelschuhen ist ein elektrischer Kontakt an jeder Verbindungsstelle möglich. Man muss also nicht mehr bei größeren digitalen Anlagen Schienenstränge mehrmals mit Plus und Minus verbinden.

Man könnte sogar das Kabel dazu im Gleis selbst mitführen. Platz ist genügend vorhanden. So ein Märklin C-Gleis ist zwar leicht, aber von der Ausführung her schon fast filigran. Nur vielleicht etwas zu regelmäßig im Vergleich z.B. zu Fleischmann. Immerhin sind die mittleren Stromabnehmer kaum wahrnehmbar. Man glaubt, die seien aus Plastik.

Sie müssen sich vorstellen, dass im digitalen System die beiden Pole auch Signale übertragen, also für alle möglichen Empfänger von diesen anschließbar sein müssen. Da sind die vier Steckkontakte an jeder Gleisverbindung ein Segen. Für Lichtsignale passt der Decoder sogar in das C-Gleis hinein, so dass nur noch der Mast aufgestellt werden muss.

Ein großer Segen ist, dass Märklin die Preise dranschreibt. Das waren wir in unserer früheren Modellbahnzeit nicht gewohnt. Was also kostet dieses Wunderwerk der Technik:

14	24130	54,46 €
9	24188	29,61 €
9	24172	29,61 €
1	24671	25,99 €
1	24672	25,99 €

Macht zusammen 165,66 €. Rechnet man die 205,97 € für Netzteil, Mobile Station und Gleisanschluss hinzu, ist der Preis für die Startpackung mit 371,63 € schon überschritten.

Hier endet eigentlich das Nachrechnen. Der ICE 2 ist eigentlich umsonst. Er ist aber als vierteiliger Zug für 219 € zu haben. Den zusätzlichen Waggon gibt es nicht einzeln zu kaufen. Beim ICE 4 kostet er aber schon 100 €. Sie sehen, der vierteilige Zug ist ebenfalls ein günstigeres Bundle.

Man hat auch das Gefühl, die Soundeigenschaften sind nicht so ausgeprägt wie bei unserer Startpackung. Bleibt als Ergebnis dieser Recherche, dass wir ungefähr die Hälfte gespart haben, denn eigentlich müsste man ja noch den Katalog mit 408 Seiten und die Mütze hinzurechnen.

▢❘❘❘ Digital 4

Abbildung 86

kfz-tech.de/PM229

Ein sehr friedliches Bild, Fleischmann links und Märklin rechts traulich vereint. Das wird in der Realität nicht so oft vorkommen, bei uns nur, weil der ICE von Fleischmann hier als Attrappe steht, also nicht fahrbereit ist.

Umgekehrt wäre das nicht möglich, weil der Märklin-ICE die beiden Außenleiter verbinden würde. Bitte beachten Sie auch das gut gelungene, auffällige Bord-Restaurant links, dem ich damals nicht widerstehen konnte. Märklin hat das in dieser Form nicht zu bieten.

Doch es gibt ein kleines Ärgernis im Zusammenhang mit dem ICE-Kauf bei Märklin. Plötzlich, natürlich nach Weihnachten, entdecken wir eine Startpackung, die in ihrem Preis-Leistungsverhältnis die von uns gekaufte weit hinter sich lässt.

Sie beinhaltet die gleiche Qualität der Schienen, wobei das Oval etwas kleiner ist und statt Bogenweichen gerade Weichen eingebaut werden. Die Schienen sind auch das Einzige, was man bis auf eine Anschlussschiene addieren kann.

12	24130	46,68 €
2	24224	9,58 €
7	24172	23,03 €
4	24188	13,16 €
1	24611	24,99 €
1	24612	24,99 €
		129,27 €

Nimmt man das so nicht käufliche Anschlussgleis (3,89 €) mit der integrierten digitalen Anschlussbox (52,99 €) hinzu, ragt schon der Preis für die Gleise weit über die verlangten 148 € hinaus. Mit dem Überschuss ist man mit der Lok (84,99 €) zusammen mit dem Netzteil (52,99 €) schon wieder bei dem Betrag angelangt.

Abbildung 87

Zu sagen, die einzelnen Teile würden weitaus mehr als das Doppelte kosten, ist alles andere als übertrieben, auch wenn die Preise des Handreglers (Bild) und der drei Waggons mit Containern wegen Nichtauftauchens im Katalog nicht ermittelbar sind. Vielleicht wird der dreifache Preis nicht ganz erreicht.

Darf man sich da ärgern, wenn man nur die Hälfte gespart hat? Natürlich nicht, denn es steht der Firma Märklin frei, ihre Produkte so günstig wie offensichtlich möglich zu verkaufen, auch wenn hier, umgekehrt zu normalem Geschäftsgebaren, sich z.B. Stammkunden gegenüber neu zu gewinnenden Käufer/innen etwas stiefmütterlich behandelt fühlen könnten.

Andererseits ist man als Kunde frei, den Gepflogenheiten dieser Firma noch ein wenig weiter nachzuspüren. Besonders in unserem Fall, wo man einen beinahe historischen Vertreter der ICE-Reihe von Fleischmann besitzt. Jedoch nicht nur das Bordrestaurant gefällt uns besser. Auch an der Lichtsteuerung des Märklin-ICEs haben wir etwas zu meckern.

Dass er keine Innenbeleuchtung hat, lassen wir ihm noch gerade so durchgehen, schließlich gibt es ihn auch alleine noch als Startpackung. Unser Fleischmann-Zug hat zwar auch keine, aber dass es sie auch nicht im 750 € teuren ICE 4 von Märklin gibt, ist völlig unverständlich. Ob man meint, durch die getönten Scheiben brauche man so etwas nicht?

Der 650 € teure ICE 3 hat hingegen Innenbeleuchtung.

Nein, das ist es nicht, denn es kommt noch dicker. Sobald man den Zug in Betrieb setzt, leuchten am Steuerwagen außen weiße Scheinwerfer, unabhängig, ob der Zug vor oder rückwärts fährt. Beim Fleischmann-Zug wechselt die Beleuchtung fein zwischen vorn weiß und hinten rot je nach Fahrtrichtung.

Kann hier auf einmal 'analog' mehr als 'digital'? Nein, das ist einfach durch das günstige Angebot im Rahmen einer Startpackung bedingt. Es gibt halt nur einen Decoder im Maschinenraum und keine Kabelverbindung durch den ganzen Zug. Dadurch kann man eben nur am Triebwagen manches schalten, an den Anhängern jedoch nicht.

Abbildung 88

Aber wie kann denn der Steuerwagen am anderen Ende sein Licht einschalten? Der hat einen zusätzlichen Mittelschleifer (Bild) und nimmt direkt die volle Spannung auf, egal welches Signal und gibt sie, vermutlich per Widerstand, weiter an die weißen Leuchten. Also brennt das Licht immer, sobald man die gesamte Anlage einschaltet, egal welcher Zug fährt.

Man könnte das Paket 'teildigital' nennen, wobei der Mittelschleifer hinten wohl die günstigere Lösung als eine Leitung durch den ganzen Zug darstellt. Dann lieber dem Decoder vorn noch Sound spendieren, mit dessen zwei Tonfolgen und einem Signal man wohl mehr erfolgreiche Werbung zu machen gedachte.

Für eine größere Anlage ist diese Lösung nicht schön, bei der bei allen ICEs einseitig Licht eingeschaltet ist, egal wie herum sie stehen, und bei allen anderen Zügen und Lokomotiven nicht, wenn es nicht extra eingeschaltet wird. Auch fahren mit weißem Licht hinten ist eigentlich ein schlechter Kompromiss.

Unser Fleischmann ICE braucht keine zusätzlichen Mittelschleifer, vermutlich gab es so etwas bei dieser Firma nie. Wozu auch? Wenn etwas in der Mitte seinen verdienten Platz hatte, war es die Zahnstange für Zahnradbahnen, die unglaubliche Steigungen überwinden konnte.

Wir könnten also an unserem ICE leichte Schleifer an den Rädern anbringen und daraus mit Kondensator eine Innenbeleuchtung gewinnen, natürlich auch hier mit Widerstand. Von innen stets beleuchtete ICEs machen sich auf einer Anlage nicht schlecht. Allerdings bräuchte es dann für die Schaltung des Lichts nach außen doch noch einen Decoder.

Oder eben doch das Kabel vom Lokdecoder aus durch den ganzen Zug, einzeln schaltbar wie dann auch der Wechsel von weißem auf rotes Außenlicht und umgekehrt. Sieht irgendwie am realistischsten aus, wenn man der Reihe nach die verschiedenen Lichtarten einschalten kann.

Abbildung 89

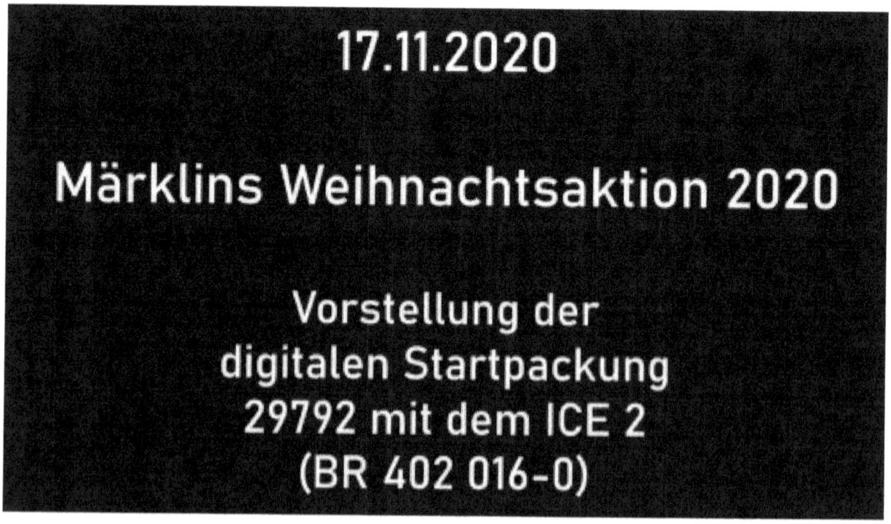

17.11.2020

Märklins Weihnachtsaktion 2020

Vorstellung der
digitalen Startpackung
29792 mit dem ICE 2
(BR 402 016-0)

kfz-tech.de/YM245

▢❘❘❘ ICE – Entwicklung 1

Abbildung 90

REISEDAUER IM EISENBAHN SCHNELLVERKEHR
AB BERLIN VON 1900 BIS 1934

KÖNIGSBERG
1900   9 Std.
1913   8 Std.
1935   6¾ Std.

KÖLN
1900   9 Std.
1913   6¾ Std.
1935   5¾ Std.

HAMBURG
1900   3¾ Std.
1913   3¼ Std.
1935   2¾ Std.

BASEL
1900   15¾ Std.
1913   13¾ Std.
1935   12 Std.

Wie kann es eigentlich schon in den 30er-Jahren dazu kommen? Schauen Sie sich oben nur die Entwicklung der Zahlen von 1900 bis 1935 an, eine Aufstellung des Verkehrsmuseums in Berlin.

Wenn Sie z.B. heute im Routenplaner 'Köln-Berlin' angeben, dann kommt dabei fast die gleiche Fahrzeit wie 1936 heraus, nur 20 Minuten Differenz. Nun gut, da mögen vielleicht zusätzliche Haltestellen hinzugekommen sein, vielleicht . . .

Man hat mit der ICE-Technik in Deutschland zu lange gewartet.

Das ist eben der Unterschied, wenn die Politik die Bahn 'auf Teufel komm heraus' forciert oder es eben den wichtigen Herstellern von Automobilen recht machen will. Das bringt Steuereinnahmen, die Bahn kostet, und das fast ohne Ende.

In den 30er Jahren gibt es hingegen kaum eine Alternative. Selbst die Nationalsozialisten schaffen es trotz Arbeitsdienst nur mit Mühe, den Autobahnbau auch nur annähernd entsprechend dem Netz der Eisenbahn anzugleichen.

Weder Menschen noch Güter können so schnell transportiert werden wie mit der Eisenbahn. Die denkt auch schon an die Nutzung der neusten Forschungen auf dem Gebiet der Aerodynamik. Bei den Fahrzeugen gibt es höchstens viel bestaunte Renn-Prototypen.

Auch muss die Bahn nicht wie heute gegen das Flugzeug mit seinen Möglichkeiten des Inlandfluges antreten. Das ist damals eine Alternative für kaum mehr als eine Hand voll (reicher) Passagiere. Vermutlich ist auch das Netz der einander folgenden Maschinen wesentlich dünner.

Beim Fernverkehr mit Gütern fehlt der heute allgegenwärtige Dieselmotor. Es gibt ihn zwar schon, mühsam von groß auf klein herunterentwickelt, aber nur in einzelnen Exemplaren, teuer und mit total fehlender Infrastruktur. Autobahnen sind gewiss nicht wegen dem Gütertransport entstanden.

Schon seit Ende des 19. Jahrhunderts gibt es 5-Tonnen-Lastwagen, aber im Zusammenspiel mit der Eisenbahn obliegt dieser Spezies nur die Verteilung der Waren z.B. von einem Bahnhof aus. Deshalb sieht man auch auf Fotos der neu gebauten Autobahnen, ganz anders als heute, in der Regel keinen Gütertransport.

Hitler hat ja den arbeitenden Menschen mit 'Kraft durch Freude' einen Urlaub ermöglichen wollen, aber auch das erledigen Schiffe und besonders die Eisenbahn. Busse, die das Tempo der neuen Autobahnen wirklich nutzen können, kommen gerade erst aus der Entwicklung heraus.

Es ist allerdings auch eine Zeit des Neuanfangs, wie die auf verschiedenen Wegen erklommenen Geschwindigkeitsrekorde beweisen. 272 km/h von Ernst Jacob Henne auf einer Kompressor-BMW, 432 km/h von Rudolf Caracciola auf einem Mercedes W125, leider begleitet durch den Tod von Bernd Rosemeyer.

Aber schon früher gibt es Vorläufer zu dem heutigen ICE. In 'Modellbau 3' werden wir die Dampflok S3/6 der Bayerischen Staatsbahnen vorstellen, deren Vorgängerin S2/6 schon 1906 auf der Strecke von München nach Augsburg 154 km/h schafft, normale Geschwindigkeit dort: ca. 120 km/h. Hohe Geschwindigkeit mit Alltagsnutzen . . .

Abbildung 91

kfz-tech.de/PM221

1931 wird dann die Grenze von 200 km/h geknackt, ausgerechnet mit der Hilfe eines Automobilproduzenten, der hier aber wohl als Hersteller von Flugzeugmotoren auftritt, nämlich des BMW-V12 mit nicht weniger als 46 Liter Hubraum. Die Ingenieure Kruckenberg und Föttinger bringen ihn mit Hilfe eines Propellers am Ende auf 230 km/h.

Viel wichtiger aber eine Dampflok der Baureihe 05, die 1935 ebenfalls die 200 km/h überwindet. Vielleicht noch würdigere Vorläufer der ICE-Technik: der E-Triebwagen von Siemens, der schon 1903 210 km/h schafft und im gleichen Jahr einer von AEG mit 210 km/h.

Und nach all den Mühen und Erfolgen dauert es bis ins Jahr 1965, als eine Vorserien-E-Lok auf der Strecke Augsburg-München 200 km/h erreicht. Da sieht man einmal, was der Krieg nicht nur an Schäden bei den Menschen hinterlässt.

kfz-tech.de/YM240

▣|| ICE – Entwicklung 2

Abbildung 92

kfz-tech.de/PM222

Gibt es Meilensteine auf dem Weg zum Experimental-ICE? Da können wir den Triebwagen VT 11 als Modell aus dem Verkehrsmuseum Nürnberg von 1957 anbieten. Hier trägt er noch stolz das TEE-Logo, das später durch das der DB ersetzt wurde.

Nein, wie man sieht, ist er noch nicht elektrisch. Vermutlich ist man mit den Voraussetzungen beim Bau der Oberleitungen noch nicht so weit. Auch ist er mit anfangs 140 km/h noch nicht sehr schnell. Aber es ist der erste Reisezug der Deutschen Bundesbahn mit in die Fahrgasträume integriertem Antrieb.

Gleichwohl nimmt der Anteil der Maschinen in den beiden Triebköpfen noch erheblich mehr Raum als die Plätze für Passagiere ein. Wikipedia bezeichnet ihn als den 'Paradezug' der DB. Trans-Europa-Express steht für einen ersten Zusammenschluss von Deutschland mit den Niederlanden, Belgien, Luxemburg, Frankreich, der Schweiz, Österreich und Italien.

Abbildung 93

kfz-tech.de/PM223

Auch bei der 103 müssen wir auf ein Modell aus Nürnberg zurückgreifen, unsere 103 ist noch teilzerlegt. Auf dem Weg zum ICE darf sie eigentlich auf keiner größeren Modellbahn fehlen, denn hier ist erstmals nach dem Zweiten Weltkrieg wieder eine E-Lok für 200 km/h Höchstgeschwindigkeit in Dienst gestellt worden.

Statt zweimal 810 kW entwickeln hier allerdings sechs Fahrmotoren fast 7.500 kW Dauerleistung. Mit geänderter Übersetzung erreicht die Lok auf der Versuchsstrecke von Gütersloh nach Neubeckum 1973 stolze 253 und 1985 283 km/h, endlich ein deutscher Geschwindigkeitsrekord.

Seit 1971 gibt es den Intercity, auch der bis 1979 nur in der ersten Klasse. 1988 ist dann die Zeit der TEEs zu Ende, inzwischen längst auch mit E-Loks bewältigt. Inzwischen soll der Anteil der ersten Klasse im Fernverkehr ca. 20 Prozent betragen.

Abbildung 94

kfz-tech.de/PM224

Nachfolgend kommen die Baureihen 120, 101 und die 145 für Güterzüge, über deren Fleischmann-Modelle mit vier angetriebenen Achsen wir schon im Buch 'Modellbau 1' in den Kapiteln über zugstarke Loks 2 und 3 ausführlich berichtet haben. Wir lieben sie so heiß und innig, dass wir jeden unserer Buchtitel damit zieren.

Auch in der Realität stellen sie als erste Serien-Loks mit Drehstrommotor eine Besonderheit dar. Es beginnt mit der 120 im Jahr 1987 und soll weitergehen mit der geplanten 121. Diese wäre dann auch nicht immer eindeutig zuzuordnen gewesen, offensichtlich sowohl für den schweren Güterverkehr als auch für schnelle Intercity-Züge geeignet.

Doch es kommt anders. Die Deutsche Bahn AG tendiert wieder mehr zu Spezialisten, gibt aber gleichzeitig ihre eigene Entwicklung zugunsten der beteiligten Industrie auf. Den neuen Weg zunächst bei den Lokomotiven kennzeichnet die 101 ab 1996. Ihre Technik wird später im Wesentlichen in den ersten ICE-Versuchsträger übernommen.

Viel mehr Elektronik, gepaart mit einem integrierten Fahrzeugbus zur Steuerung und sanfter über die Gleise gleitende Drehgestelle mit gefedertem Antrieb, um nur zwei der Neuerungen zu nennen. Die Dauerleistung liegt bei 6.400 kW, die Höchstgeschwindigkeit beträgt 220 km/h.

Abbildung 95

kfz-tech.de/PM225

Hier sehen Sie erste Ansätze zur aerodynamischeren Gestaltung. Der Ursprung ist eine dieselelektrische 202 003 von Henschel, deren Front entsprechend verändert wird. Der Hauptmotor hat 1840 kW bei 1500/min und versorgt über einen entsprechenden Generator sechs Fahrmotoren mit Strom. Nach Auswertung der Versuche wird die Front wieder zurückgebaut.

Abbildung 96

kfz-tech.de/PM226

Diese Triebzüge werden wegen ihrer eigenartigen Front auch 'Entenschnabel' oder gleich 'Donald Duck' genannt. Es sind frühe Versuche von 1970, ihre Eignung für den Fernverkehr auszuloten. Sie sind auch schon mit leichter Neigetechnik ausgestattet, die aber bald schon abgeschaltet werden muss. Sie ahnen es bereits, man entscheidet sich nach Auswertung für lokbespannte Züge im Intercity-Dienst.

Abbildung 97

kfz-tech.de/YM241

◻▮▮▮ ICE – Entwicklung 3

kfz-tech.de/PM227

Wie schon erwähnt, endet die alleinige Existenz nur der ersten Wagenklasse Ende 1978. Und da die Umstellung auf Triebwagenzüge immer noch nicht beschlossene Sache ist, werden die drei im Kapitel 'ICE - Entwicklung 2' erwähnten Triebwagen der Baureihe 403/404 nur noch zu besonderen Anlässen wie beispielsweise der Hannover-Messe eingesetzt.

Sie kommen nie in den planmäßigen TEE-Dienst. Immerhin chartert die Lufthansa die Züge und lässt daraus jeweils einen Lufthansa-Express gestalten. Weitere kommen im Laufe der Zeit hinzu und es wird eine neue Linie zwischen Düsseldorf, dem dortigen Flughafen und Frankfurt eingerichtet mit Zwischenstopps in Köln und Bonn.

Es verkehren also immer noch lokbespannte Züge auch im IC-Netz. Immerhin wird aber seit 1973 die Neubaustrecke Hannover - Würzburg entstehen. Offenbar vordringlich entsteht aber davon ein knapp 30 km langes Teilstück, das für Versuchsfahrten bis 250 km/h genutzt werden kann.

Die Entwicklung des Intercity Experimental beginnt 1982. Erstmals ist es ein Gemeinschaftswerk mit z.B. Krauss-Maffei für die beiden Führerstände, dem Rahmen von Krupp mit Seitenwänden von Thyssen-Henschel. Nur die Endmontage der Triebköpfe erfolgt bei einem der Hersteller.

Alle Teile des IC-Experimental werden rechtzeitig zur ersten vorläufigen Abnahme im Jahr 1985 fertig. Noch in dem Jahr werden die 300 km/h geknackt, Mitte 1985 dann mit 406,9 km/h ein Weltrekord für Schienenfahrzeuge eingefahren. Das lassen die Franzosen nicht auf sich sitzen und kontern mit einer TGV-Höchstgeschwindigkeit von 515,3 km/h.

Der aktuelle Rekord steht auf 574,8 km/h, ebenfalls von einem TGV-Versuchsfahrzeug erzielt. Dass ein ICE sich im französischen Netz bewegen kann und ein TGV im deutschen, wird erst viel später verwirklicht. Von den drei Waggons sind wohl zwei für die Zugmitfahrt von speziellen Gästen vorgesehen und einer für die Aufnahme der Messtechnik.

Nur die Nasen sind aus Verbundwerkstoffen. Ansonsten herrscht auch heute noch durch Längs- und Querträger verstärktes Stahlblech vor. Nur im Dach sind Öffnungen für die De-/Montage schwerer Bauteile vorhanden. Eine besondere Herausforderung stellen für die hohen Geschwindigkeiten die Stromabnehmer dar.

Jedes Teil des IC-Experimental verfügt über zwei Drehgestelle. Das ergibt je vier Achsen und zwei Motoren pro Triebkopf. Es wird also nur je eine Achse pro Drehgestell angetrieben, weil der Motor den gefederten Massen zugeschlagen ist und die Achse per Kardanwelle antreibt. Es gibt also nicht nur eine Federung der Achsen, sondern auch eine pro Drehgestell.

Hochspannungsleitungen auf dem Dach wie bei E-Loks sucht man vergebens. Diese sind ab jetzt innen im Zug verlegt. Teilweise funktioniert die Datenübertragung schon per Lichtleiter. Zusammen damit wird manches von der Steuerung der Baureihe 120 entnommen.

Wenn man bei der Bahn von einem 'leistungsfähigen' Bremssystem spricht, so sind bei dem Gewicht eines ICE und nur geringem Schienen-Aufstands die Bremswege nicht mit den von Pkws zu vergleichen. Man muss aus 250 km/h mit zwei bis drei Kilometern rechnen. Es gibt über das Fahrzeug verteilt Scheiben- und verschleißfreie Wirbelstrombremsen.

Letztere kommen natürlich als erste zum Einsatz. Ob man damals schon mit der Rückgewinnung von Strom ins Netz gearbeitet hat, ist nicht bekannt. Sicherheitstechnische Aspekte standen bestimmt im Vordergrund. Dazu gehört die induktive Zugbeeinflussung und eine Sicherung des Bedarfs bei Stromausfall.

In den Mittelwagen finden sich dann auch Strangpressprofile aus Aluminium mit Verkleidungen aus dem gleichen Material und außen bündig geklebte

Scheiben zusammen mit nach innen zwei weiteren. Bündig sind auch die möglichst kurz gehalten Faltenbälge zwischen den Fahrzeugteilen.

kfz-tech.de/YM242

◻▯‖ ICE – Entwicklung 4

Abbildung 98

kfz-tech.de/PM228

Das hier soll ein Blick über den Zaun werden, oder vielleicht auch ein wenig weiter, nämlich in die USA und nach Japan. Warum gerade diese beiden? Weil damit sowohl das in Sachen Bahn rückständigste Industrieland und das fortschrittlichste erfasst werden.

Man kann sich überhaupt nur eine Strecke vorstellen, wo jemand die Bahn dem Flugzeug vorzieht, nämlich New York - Washington. Und selbst hier spart man kaum Zeit. Die muss man ansonsten reichlich mitbringen, z.B. mit 40 km/h die Appalachen hoch auf dem Weg von Washington nach Chicago.

Und wenn man schon Downtown Chicago sieht, bringen die Eisenbahner es noch fertig, einen kompletten Zug zu drehen und rückwärts in den Kopfbahnhof einfahren zu lassen, entsprechende Zeitrückstände inklusive. Wer kein Geld für die schnell an Wert verlierenden Autos hat, der fährt mit dem Bus, mit der Bahn nur, wenn der Weg das Ziel sein soll.

Das ist auch in Kanada nicht anders, wo in der Mitte des Landes gerade mal je ein Zug pro Tag nach West und Ost fährt. Selbst erlebt, wie dann auch noch nach einer halben Stunde Fahrt der riesig lange Zug den Rückwärtsgang einlegt, weil ein Passagier vergessen wurde.

Erbärmlich diese Schaukelei auf schlechten Gleisen, obwohl die Waggons die Bezeichnung 'Pullman' tragen. Güterzüge sind so langsam und lang, dass man am Bahnübergang in dieser Zeit ein E-Auto aufladen könnte, falls die Infrastruktur vorhanden wäre und Amerikaner im mittleren Westen dafür überhaupt ein Bedürfnis sähen.

kfz-tech.de/YM243

Der Name Shinkansen deutet auf eine neue Hauptlinie hin, also extra gebildete Trassen wie z.B. in Frankreich. Hierbei bildet Tokyo, die wohl bevölkerungsreichste Metropolregion der Welt, eine besondere Rolle. Die erste Strecke wurde dementsprechend auch mit über 500 km für den Tokaido Shinkansen gebaut.

Seitdem sind weitere 2.300 km Strecke mit 240 - 320 km/h hinzugekommen und weit über 10 Milliarden Passagiere befördert worden. Weitere Services wurden eröffnet wie etwa der Mini-Shinkansen, aber nicht alle fahren gleich schnell, was ja auch mit der Anzahl der Haltestellen zu tun hat.

Der schon beschriebene Weltrekord des TGV mit 575 km/h ist inzwischen mit 603 km/h eingestellt, allerdings von der japanischen Magnetschwebebahn 'SCMaglev', bei der die ohnehin schon lange Nase des Shinkansen durch eine noch viel längere ersetzt wurde.

Natürlich stehen die Verbindungen zu den nächstgrößeren Städten Nagoya und Osaka im Mittelpunkt. Unglaublich, was hier an Passagierbeförderung abgeht. Teuer und begehrt ist das noch nicht einmal sehr große Platzangebot. Dafür sind die Züge aber sauber und überpünktlich.

Und natürlich ist der Zug attraktiver, wenn man mit dem Auto nur maximal 100 km/h fahren darf. Nimmt man den Routenplaner zur Hilfe, dann ist die Fahrzeit für die 500 km von Tokyo nach Osaka mehr als doppelt so lang. Und dabei wurde noch nicht einmal der schnellste Shinkansen gewählt.

In USA sind allerdings auch nur 75 m/h (120 km/h) erlaubt und das nur weit außerhalb großer Städte.

kfz-tech.de/YM244

 **Car 4**

Abbildung 99

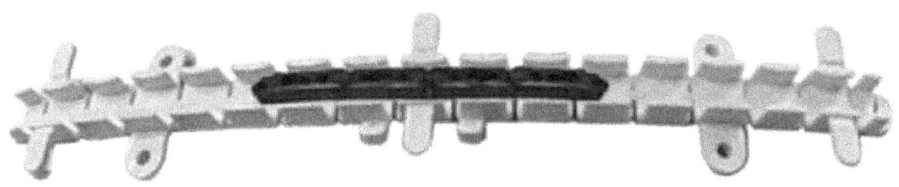

kfz-tech.de/PM217

Berühmt wurde das System durch den/die Fahrradfahrer/in, strampelnd trotz Führung aus dem Untergrund. Magnorail, bei mehreren aufeinander folgenden Fahrzeugen daran zu erkennen, dass sich deren Abstände nicht ändern.

Da ist also wieder entweder die Platte mit 8 x 8 mm anzusägen oder mit einer Art Overlay zu arbeiten, die genau den Kanal aus Kunststoff ausspart, der die Kette aus dem gleichen Material führt, sehr elastisch und für deutlich kleinere Radien wie beim Fahrdraht von Faller oder dem Magnetband von Viessmann.

Das liegt daran, dass weder Autos noch Fahrräder von Magnorail lenken, bei Letzteren nicht ganz so schlimm, bei ersteren schon etwas. D.h. die Objekte werden jeweils durch je einen Magnet vorn und einen hinten geschoben, wobei sich aber die Räder drehen. Durch eine am besten maximal 0,5 mm dicke Schicht hindurch haben die Magnete Kontakt zu solchen in der Kette.

Solange man die Räder einigermaßen unscheinbar hält, arbeitet das System sehr gut. In der Wirklichkeit nimmt man ja auch nicht immer unbedingt das Einschlagen der Räder wahr. Natürlich gibt es auch weder Licht noch Blinker. Aber, man braucht auch keine Akkus in den Fahrzeugen und kann manche durch zusätzliche Magneten oben und unten hinzugewinnen.

> Über einen Akku könnte man nicht zu kleine Fahrzeuge mit Dauerlicht ausstatten.

Leider ist der Einstieg in Magnorail recht teuer. Will man sich nicht mit 80 cm Kette begnügen und hätte man gerne eine oder zwei Kehrschleifen dabei, dann zahlt man mindestens 165 € einschl. Versand (Stand 2022). Immerhin ist dann auch neben einem Auto oder Traktor ein(e) Radfahrer/in dabei und vermutlich noch Magneten für mindestens ein weiteres Auto.

Ein genereller Vorteil von Magnorail ist z.B. gegenüber Faller ohne Control, dass man die Geschwindigkeit herunterregeln kann. Allerdings haben Auto und Fahrrad stets die gleiche Geschwindigkeit. Außerdem muss das System aus Schiene und Kette noch einigermaßen gekonnt entgratet und ineinandergesteckt werden.

Wir waren schon weiter, bevor wir die in 'Car 5' beschriebenen Möglichkeiten kennenlernten, wollten komplette Fahrbahnteile drucken, zusammen mit entsprechenden 'unterirdischen' Schächten für Fahrdraht oder Magnetband oder vielleicht sogar beides. Mögliche Kreuzungen und Abbiegungen würde unser Drucker von der Größe her gerade noch schaffen.

Ein integriertes, einfach gehaltenes Scharniersystem dürfte den Aufbau einer funktionierenden Strecke dramatisch verkürzen. Und warum machen wir das nicht? Weil alle bisher beschriebenen Lösungen bisweilen eine erhebliche Tiefe brauchen, Magnorail durch den senkrecht stehenden Antriebsmotor, die anderen zumindest an Abzweigungen.

Ragt da so ein Motor oder eine größere Spule z.B. in den Schattenbahnhof darunter, vermutlich problematisch für die dort geparkten Züge. Nein, da endet dann leider zunächst unser Gedanke des schnellen Legens von

Fahrstrecke und leichten Einklinkens von Fahrdraht bzw. Magnetband von oben.

Aber wer Magnorail geschickt in eine bestehende Anlage integriert, hat nach einem leicht erhöhten Preis danach die Möglichkeit, stinknormale Fahrzeuge hinzuzufügen und zu erweitern und das mit relativ kleinem Portemonnaie. Und auch im normalen Straßenverkehr kommt es vor, dass sich Fahrzeuge beinahe kolonnenartig von Ampel zu Ampel fortbewegen.

Abbildung 100

kfz-tech.de/YM212

Abbildung 101

kfz-tech.de/YM213

◻◧▮▮ Pläne 2

Abbildung 102

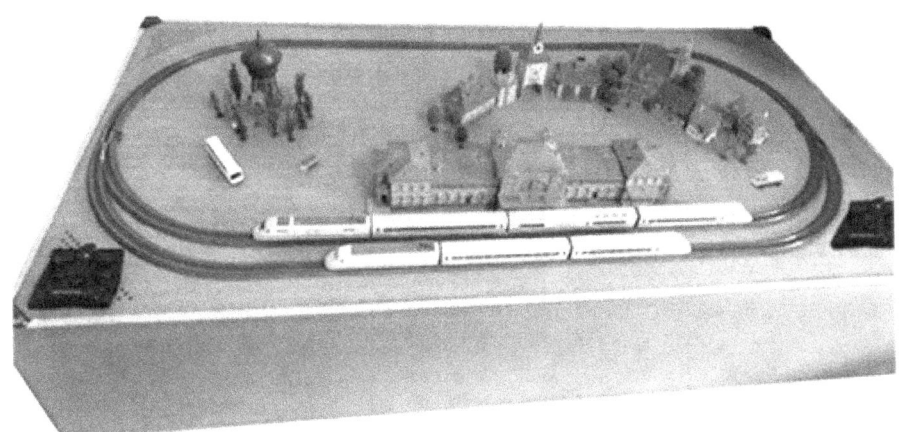

kfz-tech.de/PM215

Um für kurzzeitige, weihnachtliche Ruhe zu sorgen, haben wir dieses Ensemble einer zweiten Versuchsanlage zusammengestellt, bestehend aus dem gerade für eine gewisse Zeit erworbenen ICE von Marklin mit unserem 'alten' von Fleischmann, was natürlich für letzteren auf Märklin-Gleisen keine rechte Freude aufkommen lässt.

Der nächste Schritt soll nach der Erläuterung des Märklin-Digitalsystems sein, die schon im Kapitel 'Märklin 1' erwähnte Dampflok hier zunächst einfach nur analog fahren zu lassen und dann auch ein wenig deren enorme Zugkraft zu präsentieren. Endlich haben wir ein System, die Lok einmal fahren zu lassen und damit auszuprobieren.

Dann soll diese Lok erst einmal für Gleichstrom umgebaut werden, aber weiterhin den Mittelschleifer und die beiden elektrisch miteinander verbundenen Gleisschienen nutzen. Auf den Hochleistungsmotor wollen wir aus Kostengründen verzichten, Vor- und Rückwärtsfahrt mit der Hilfe zweier Dioden realisieren.

Mal sehen, ob sie dann auch noch einen so langen Zug ziehen kann. Es wird also originale, neue Märklin-Gleise mit Gleichstrom geben. Wenn der Motor so funktioniert, erhält die Lok den ersten einer Reihe von Lok-Decodern, die wir offen gestanden ohne besondere Überlegungen, nur auf den Preis schauend, zusammengekauft haben.

Also erhält die Gleisanlage wieder ihre gewohnte Ansteuerung. Hoffentlich ist ein Decoder dabei, der die Mobile Station dazu zwingt, von MFX auf DCC zu wechseln. Denn sobald sie auch nur den Hauch einer Chance sieht, über das Märklin-eigene Protokoll mit einem Decoder zu kommunizieren, wählt sie dieses und nicht DCC.

Wir haben zwar unser altes Oszilloskop wieder zum Laufen gebracht und es hat mit seinen 20 MHz auch ausgereicht, MFX-Bits zu zeigen, aber immer haben zusätzliche das Bild verunklart. Wir sind weiterhin gespannt, ob wir beim Abgriff einer DCC-Verbindung mehr Glück haben. Überhaupt ist längerfristig weiteres Vorgehen mit diesem Protokoll geplant.

Trotzdem wäre es schön, wenn die Dampflok ebenso automatisch wie der ICE von der Mobile Station erkannt würde und beide zusammen auf der Anlage ansteuerbar wären. Zunächst ist aber kein weiteres Vorgehen mit diesen edlen Schienen und dem kurzen Zug geplant. Wir werden ihn vorsichtig verpacken und nächstes Jahr zu Weihnachten verkaufen.

Das ist aber noch nicht alles, was Sie auf der Anlage entdecken können. Wir haben uns also nicht nur in den letzten Monaten von Märklin inspirieren lassen, sondern auch einen möglichen, beweglichen Kfz- Bestand auf einer zukünftigen Anlage erforscht. Von den vorgestellten Systemen sind hier zwei vertreten und die werden wir aller Voraussicht nach nicht wieder verkaufen.

Da ist zunächst der Bus, den wir mit neuem Akku für sagenhafte 38,87 € einschl. Versand ersteigert haben. Er entstammt dem einfachen Faller-Fahrdraht-System. Wir sind schon auf der Suche nach einfachem Eisendraht, den es im Internet für kleines Geld gibt. Es ist also zu prüfen, ob man für eine bescheidene Summe eine kleine Anlage installieren kann.

Dann sehen Sie dort den alten VW-Bus zusammen mit der Fernbedienung. Als T1 ist er zwar nicht unsere Kragenweite, aber vielleicht können wir ihm die viel hübschere T2-Karosserie drucken. Insgesamt kennzeichnet dieser Wagen aber den vermutlich sehr dornenreichen Weg in ein automatisierbares System ohne irgendwelche Utensilien unterhalb der Straße.

Dazu passt unsere neuste Erwerbung ganz rechts. Während sonst ein Fahrzeug immer mit Fernbedienung nicht unter mindestens 80 € erhältlich ist, haben wir hier ein Angebot, allerdings nicht über Ebay, für gut 65 € Neupreis einschl. Versand wahrnehmen können. Und es ist auch noch der Unimog mit seinen atemraubenden Fahreigenschaften, Sehr demnächst kommt dazu ein Kapitel mit einem tollen Video.

Sie merken schon, es läuft immer mehr auf die Funkfernbedienung hinaus, möglichst wahlweise mit Steuerung von Hand oder durch den Computer. Es bleibt bei Letzterem aber die Rückkopplung ein Problem. Nicht ganz vom Tisch ist die mögliche 3D-Fertigung von Straßenstücken mit einem integrierten Schacht für eine ebenfalls selbst entworfene Kette mit oberirdischem Motor.

Abbildung 103

149

kfz-tech.de/PM216

Ganz vergessen haben wir bei dieser Aufzählung das größte Schnäppchen, nämlich zum einen die drei oben abgebildeten Waggons ohne Räder und Kupplungen für 8 € einschl. Versand und eines vierten, kompletten, unten abgebildeten für den gleichen Preis. Bis auf das Dach des Gepäckwagens sind alle in akzeptablem Zustand und für die Dampflok als Standardanhänger vorgesehen.

Abbildung 104

kfz-tech.de/PM217

Als letztes noch die Idee, neben der Fertigung von Metallrädern mit Hilfe der Drehmaschine doch noch solche aus unserem Normal-Filament herzustellen. Dazu sollen die Achsen der vielen Trix-Express-Radsätze

Verwendung finden. Erste Versuche mit eben jenen Waggons oben. Verschleißt das Material zu schnell, probieren wir es mit ABS-Kunststoff.

▣‖‖ Car 5

Abbildung 105

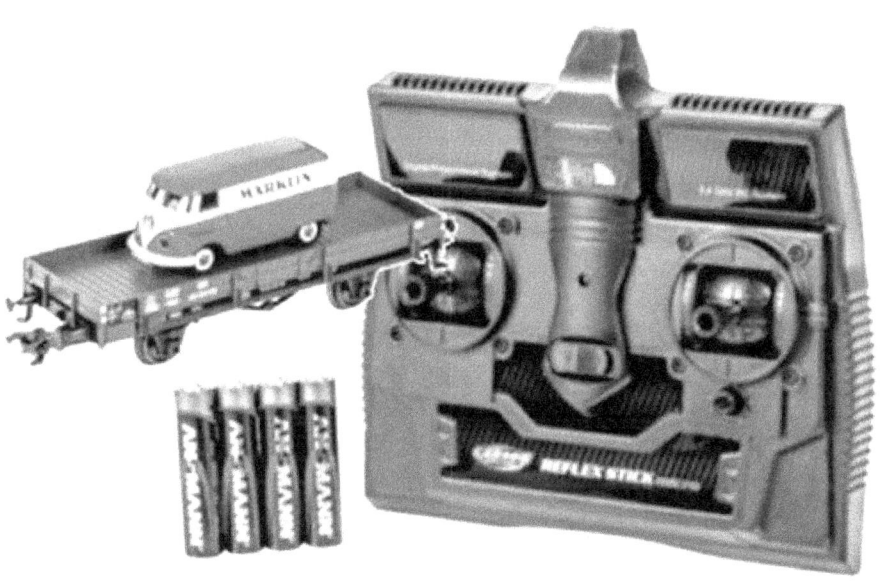

Es war das günstigste Angebot. Dabei muss man bedenken, dass größere Fahrzeuge mit Funkfernbedienung wohl günstiger hergestellt werden können und auch deutlich mehr Absatz erzielen. Vermutlich wissen noch nicht einmal viele Modellbahner/Innen, dass es so ein System für h0 gibt.

Der VW-Bus T1 wirkt ja selbst noch auf dem kleinen Güterwagen von Märklin etwas verloren. Eigentlich eine seltsame Zusammenstellung. Und überhaupt, was hat Märklin mit einem bekannten Hersteller funkfernbedienbaren Spielzeugs zu tun?

Das ist vermutlich Marketing, auf das Märklin seit der Insolvenz verstärkt achtet. Sie geben den Güterwagen, im Katalog für 10 €, wohl sehr, sehr verbilligt an Carson ab und die bedrucken zum Dank dafür den alten VW-Bus entsprechend.

Kann nach unserer Meinung so bleiben, denn das komplette Paket hat einschließlich Versand nur 80 € gekostet. Den schönen Güterwaggon mit viel Liebe zum Detail nimmt man gerne hinzu. Mal sehen, wie viel Aufwand es ist, ihn für unser System kompatibel zu machen.

Natürlich passt der Waggon nicht zum Auto, wenn er denn Teil einer 'Rollenden Landstraße' sein soll. Aber entsprechende Fahrzeuge mit günstigeren Auffahrmöglichkeiten sind viel länger und damit auch teurer. Radiokontrollierte Autos eignen sich besonders gut für die Auffahrt auf Güterwaggons. Versuchen Sie das einmal mit den Systemen von Faller oder Viessmann zu realisieren.

Abbildung 106

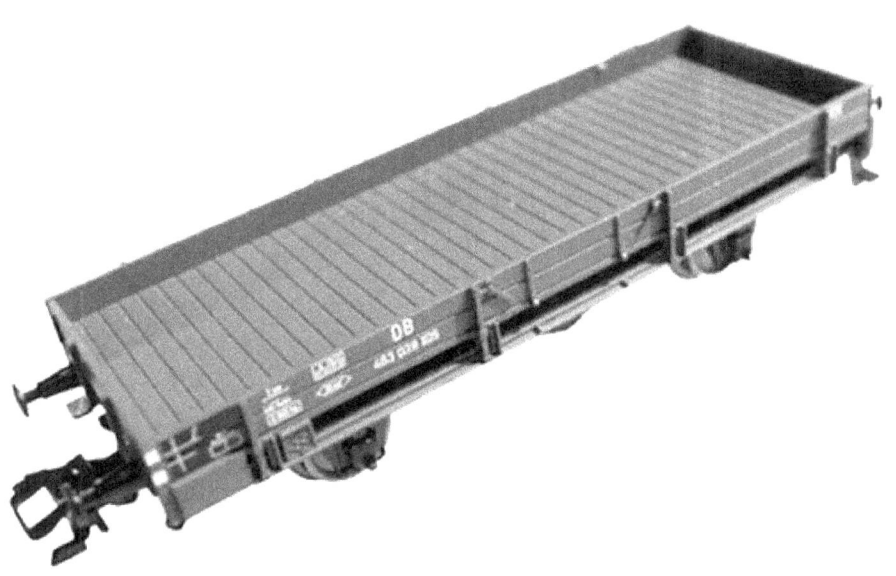

kfz-tech.de/PM230

Das Unboxing ist sehr einfach, wenn man im Paket den Schraubenzieher entdeckt hat, weil die Komponenten z.T. mit der Verpackung verschraubt sind. Übrigens nicht die schlechteste Lösung. Und so purzelt alles voraus, hinterlässt allerdings auch überraschend viel Verpackungsmüll.

Nein, wir haben diesmal nicht vor, wieder zu verkaufen. Zu faszinierend sind Ansteuerung und Fähigkeiten des kleinen VW-Bus. Unten im Video sehen Sie was alles mit einem Jeep ähnlicher Bauart möglich ist. Ohne Zweifel, so ein System gehört unbedingt auf unsere zukünftige Anlage.

Allerdings muss man erst begreifen, dass es nicht reicht, an der Fernbedienung die Kontrollleuchte einzuschalten, sondern auch noch am Auto den entsprechenden Schalter zu betätigen. Geladen wird übrigens über ein Kabel, das sich in der Fernbedienung versteckt. Sogar für eine vertauschungssichere Steckdose ist unter dem Auto noch Platz.

Es gibt praktisch nur eine, aber sicherlich nicht leicht zu realisierende Verbesserung, die wir für dieses Ensemble gerne hätten, nämlich die volle Steuerung über den Computer. Klar, das ist eine Mammutaufgabe, aber stellen Sie sich vor, beides wäre möglich, Steuerung von Hand und Computer.

Nein, die Probleme dorthin haben wir auch in der Theorie noch nicht gelöst, immerhin zunächst einmal die Fernbedienung aufgeschraubt und die kleine Platine bewundert. Beim Auto trauen wir uns noch gar nichts, obwohl wir langfristig die Karosserie des T1 mit Werbung durch die eines selbstgedruckten T2 ersetzen wollen.

Warum wir die Fernbedienung geöffnet haben? Grundsätzlich verstehen wir noch nur sehr wenig von RC-Signalen, trauen uns auch nicht zu, diese entschlüsseln und nachahmen zu können. Andererseits, wie sähe das aus, wenn wir die beiden Steuerknüppel mit Servomotoren steuern würden?

Abbildung 107

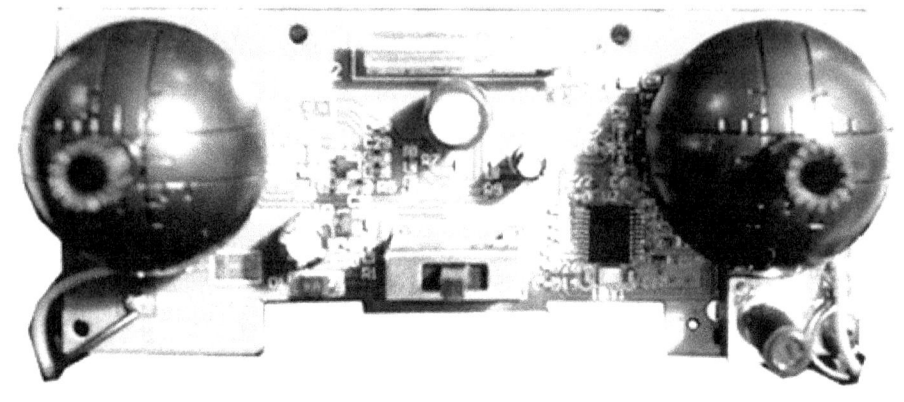

kfz-tech.de/PM231

Wir haben die Fernbedienung geöffnet und die beiden Steuerknüppel zwar nicht ausgelötet, aber nachgemessen. Die Messungen deuten auf Drehpotis hin. Wenn das so wäre, könnten wir die Widerstände mit dem Computer erzeugen und die Platine erheblich verkleinern.

Aber bitte bedenken Sie, für jedes weitere Auto wäre dann eine solche Platine fällig und mindestens 80 €. Immerhin würden sich diese relativ platzsparend in einer Box anordnen lassen. Vielleicht lohnt es sich ja doch, den zum Auto gesendeten Code direkt zu simulieren. Aber auch wieder nicht, weil es die Autos ohne Fernbedienung kaum gibt.

Selbst wenn die Probleme mit der Ansteuerung gelöst wären, geht es erst richtig los, nämlich mit der Lenkung. Also vielleicht doch wieder einen Draht in die Fahrbahn und die Vorderachsen mit Magneten steuern. Sie ahnen schon, wir würden das als Rückschritt ansehen.

Noch sehr im Bereich der Phantasie schwebt uns ein System der Erfassung von dem momentanen Aufenthalt jedes einzelnen Fahrzeugs und seine Verfolgung mit dem Computer vor. Ob damit aber verhindert werden kann, dass der Wagen bei einer Kurve in den Gegenverkehr kracht?

Abbildung 108

kfz-tech.de/YM229

▢|‖ 3D-CAD 5

Abbildung 109

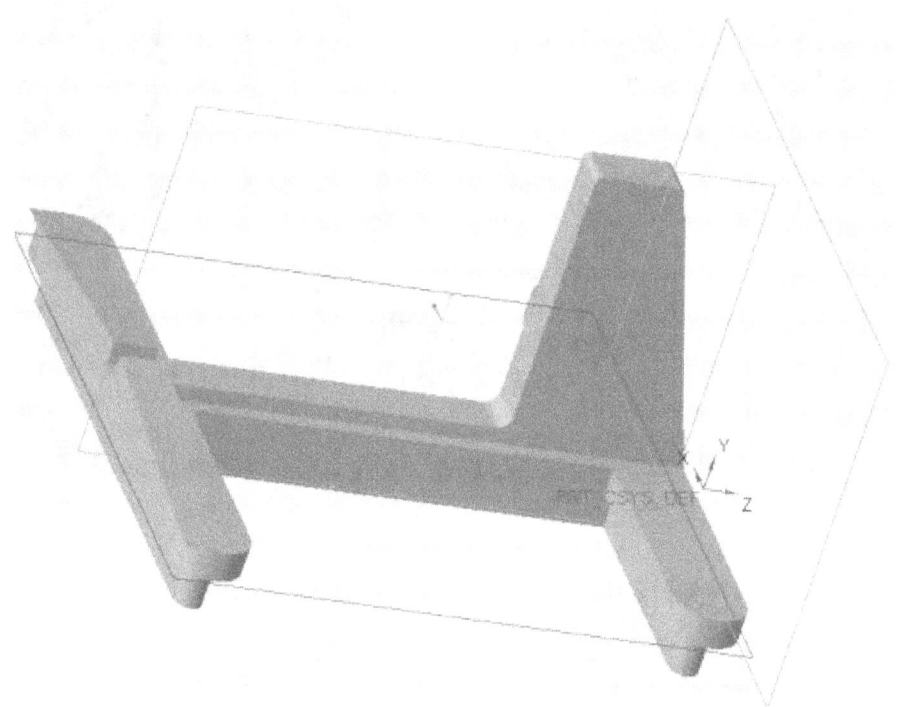

Den Weg zu diesem Endprodukt und dessen Druck beschreibt dieser Text.

"Heute muss die Glocke werden. Frisch, Gesellen! Seid zur Hand." Für dieses Kapitel wollen wir uns diese zwei Sätze aus Schillers Lied von der Glocke zu Herzen nehmen und endlich unsere fünf TEE-Waggons verkaufsbereit machen. Immerhin steht Weihnachten unmittelbar vor der Tür.

Wie schon erwähnt, soll die Auktion bis zum 1. Januar abends laufen. Bisher erledigt haben wir die Reinigung der Kästen aus Plexiglas. Auch haben wir die Doppelseite des Katalogs abfotografiert, auf der dieser Zug zum ersten (und einzigen) Mal erwähnt ist.

Sogar die völlige Neugestaltung der alten Aufkleber wurde schon durchgeführt. Fehlt nur noch der 3D-Druck der Wagenbegrenzungen in den Glaskästen, von denen einige fehlen. Schon seit einiger Zeit schleichen wir um diesen Teil herum, weil wir uns im Moment mit dem Lernen von 3D-CAD etwas schwertun.

Anknüpfend an die Lösung des Problems mit dem Doppelstockwagen, bei dem wir das Abspeichern und Wiederladen von Objekten endlich hinkriegten, haben wir also jetzt aus den erwähnten Gründen mit diesem Abstandshalter begonnen. Wie bei jedem Neuteil ist auch hier darauf zu achten, dass man eine solide Basis herstellt.

Abbildung 110

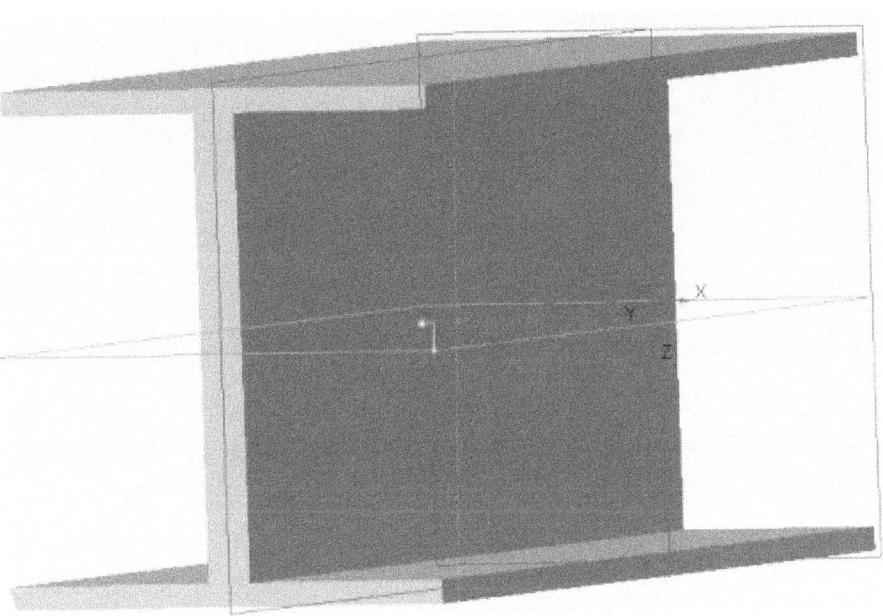

Man beginnt in einer der Ebenen, möglichst der horizontalen, wählt unbedingt 'Profil' und gibt ihm die Maße nicht des unteren, sondern des Teils darüber. Man rundet auch schon die Ecken ab. Das Bild oben soll nur zeigen, wie man ein Doppel-T-Gebilde auseinanderziehen kann, wenn man das Skizzieren in der Ebene beendet hat.

So viel Auseinanderziehen ist auch gar nicht nötig. Aber keine Sorge, es ist ein Maß dabei, durch dessen Korrektur man die spätere Dicke auf das Genaueste einstellen kann. Da man besser immer von der größeren zur

157

kleineren Fläche geht, klickt man jetzt nach 'Profil' den erzeugten Körper von unten an.

Abbildung 111

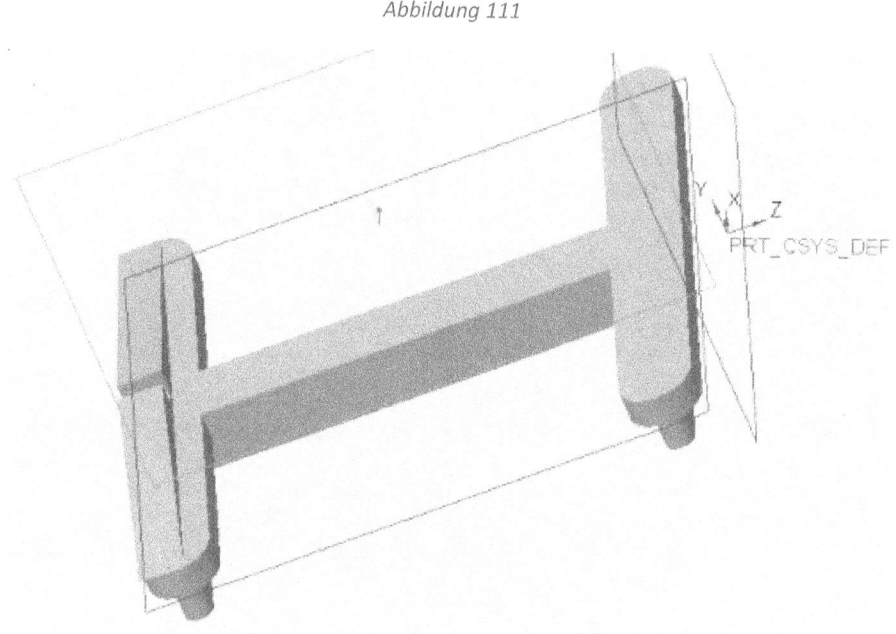

So kann man nun den schmaleren Fuß auf das Doppel-T von unten skizzieren und ebenfalls wieder herausziehen. Unten sehen Sie das Grundgerüst in der Draufsicht. Die Rampe links ist nach einer Methode entstanden, die wir jetzt universell anwenden. Im Prinzip können wir uns nur mit dieser behelfen.

Abbildung 112

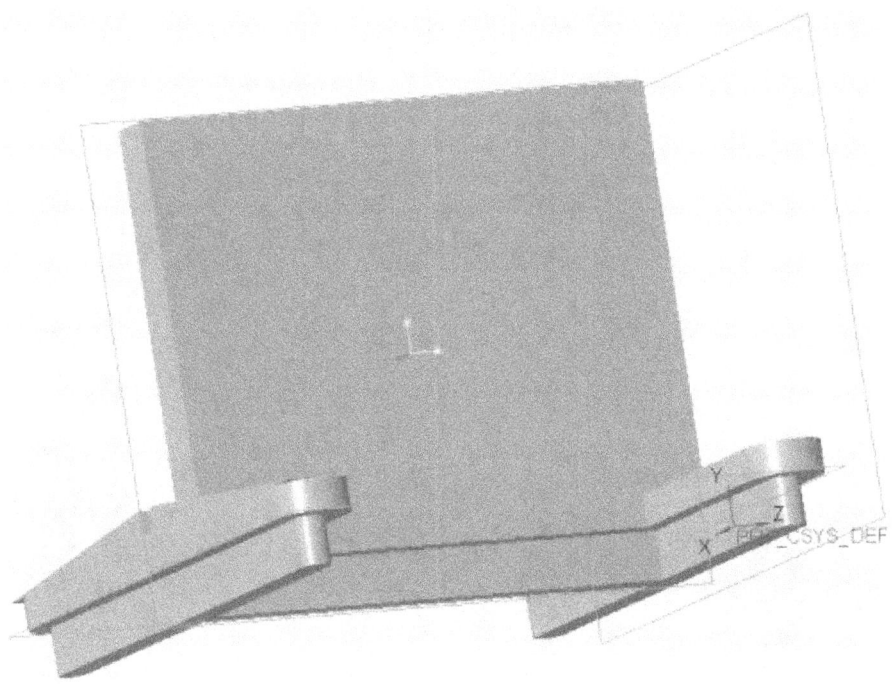

Man erzeugt also wieder mit 'Profil' diesmal eine Skizze von oben auf das Doppel-T, skizziert aber nur ein simples Rechteck, das durch die Endmaße der beiden Rampen bestimmt ist. Anschließend zieht man die Wand wieder hoch. Sie muss nur mindestens der höchsten Höhe der beiden Rampen entsprechen.

Und jetzt kommt Zaubertrick 1, wenn er denn funktioniert. Wieder auf eine der beiden Seitenflächen geklickt und darauf die beiden Schrägen und die Nut so eingezeichnet, dass man den Verlust bezeichnet. Also die Linie nach oben hin abschließen. Hat man jetzt Glück, kann man nach Abschluss der Skizze dieses Profil durch die Wand durchziehen und erhält die gewünschte, komplette Aussparung.

Dann sieht der Körper so wie oben aus. Wir haben dieses Verfahren übrigens schon einmal in 3D-CAD 3 dargestellt. Unten sehen Sie es noch einmal drastisch dargestellt, um die Kontur in der Mitte zu erstellen. Diesmal wurde der mittlere Steg der Doppel-T-Kontur ausgewählt, ein Rechteck drauf skizziert und nach Beendigung der Skizze einfach weit genug hochgezogen.

Abbildung 113

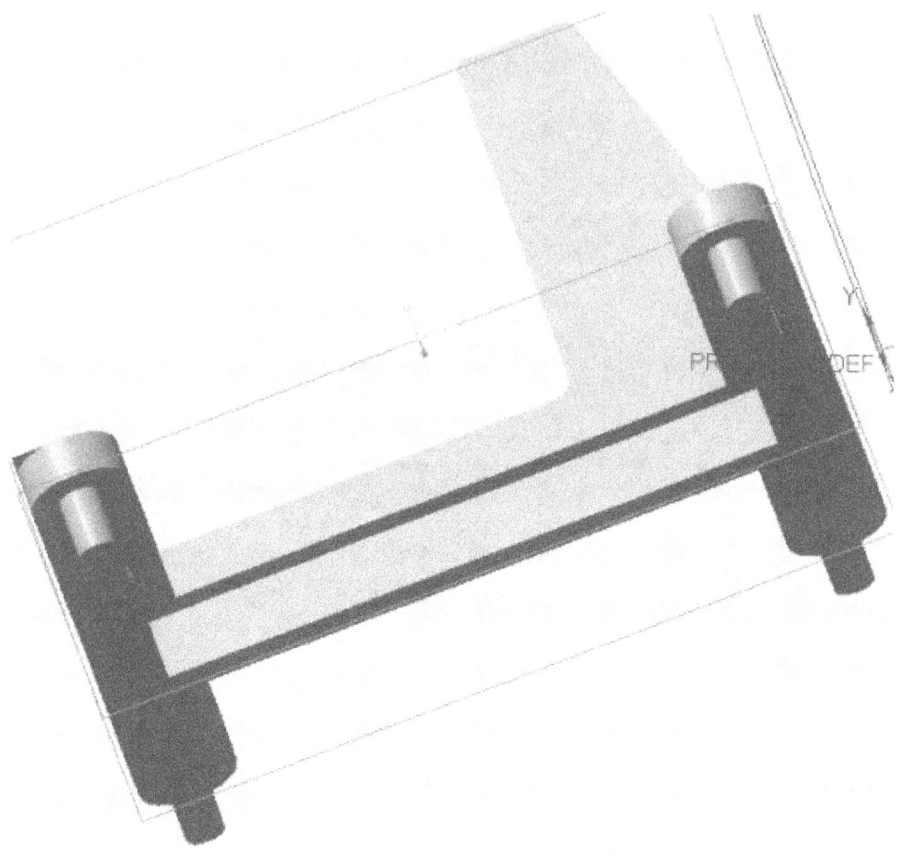

Und jetzt wieder auf die vordere Fläche nach Druck auf 'Profil' klicken und diesmal die etwas komplexere Kontur aufzeichnen, wieder mit der Betonung auf dem, was wegmuss. Also links im exakten Abstand von unten am Rand beginnen, horizontal nach rechts, ungefähr zur rechten Zeit vertikal nach oben, dann wieder nach rechts, schräg nach unten zur Ecke, am Rand hoch, oben nach links und wieder runter zum Anfangspunkt und dort schließen.

Erst jetzt kommen die Maße und Abrundungen dran. Letztere lassen sich mit dem Messschieber schlecht ermitteln, obwohl der als Werkzeug ansonsten sehr hilfreich ist. Wir nehmen einfach einen Millimeter für die untere Innenkante und 0,5 mm für die oberen beiden Außenkanten. Sie werden sagen, dass wir damit doch eigentlich schon fertig seien.

Abbildung 114

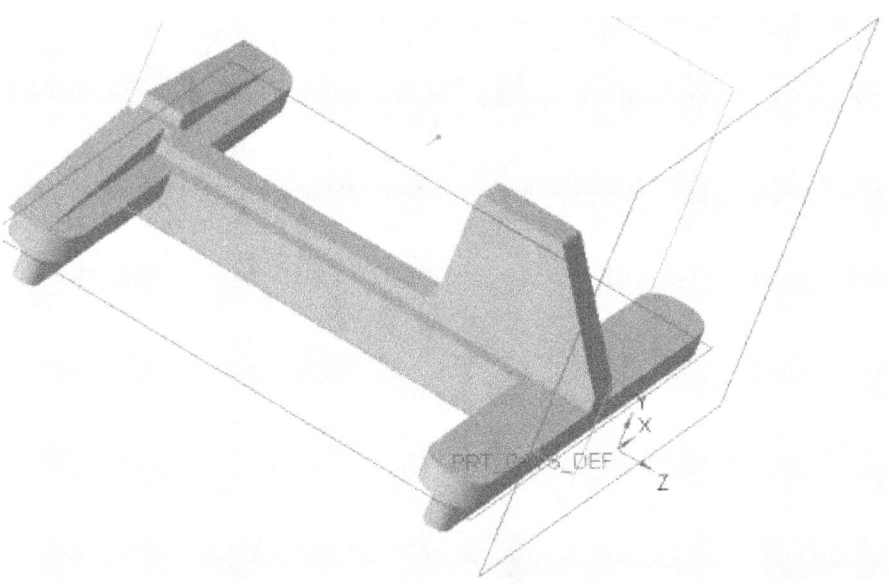

Leider hatte Creo aber noch eine Überraschung parat, ließ beim Wegnehmen rechts ein ganz schmales Stück Material in der Höhe der ehemaligen Wand stehen. Es hat uns einige Nerven gekostet, ein solches Hindernis kurz vor dem Ziel zu beseitigen, zum Schluss brutal mit dem Button 'Material entfernen' oben links.

Abbildung 115

Dabei ist leider ein Fehler entstanden, denn erst nach dem ersten Probedruck haben wir entdeckt, dass wir durch das Rumprobieren auch noch einen Teil der Nase nach oben eingebüßt hatten. Sie sehen aber an dem Bild unten, dass sich dies übrigens später als Glücksfall entpuppte. Die Wagen sind nämlich im Gegensatz zu den Glaskästen verschieden lang und da konnten wir das Teil zusätzlich montieren.

Abbildung 116

Das ist jetzt das Endergebnis, Original links und Nachbau rechts. Der Drucker hat sich übrigens nicht als Gentleman erwiesen, doch davon beim nächsten 3D-CAD mehr.

◻▮▮ Car 6

Abbildung 117

Schön, so ein neues Teil und dann auch noch deutlich unter Preis. Am Ende zeigen wir in einem Video, was er kann und was nicht. Doch jetzt soll es erst einmal um das Forschen nach den technischen Hintergründen gehen. Wer sich mit **R**adio **C**ontrol auskennt, der sollte besser weiterblättern.

Beginnen wir mit der Frage, was eigentlich eine Antenne ist, die sowohl der Sender als auch der Empfänger braucht. Deren Existenz beruht eigentlich auf der Tatsache, dass Elektromagnetismus nicht an Materie gebunden ist. Wobei wir doch einigermaßen bei unserem RC-Auto bleiben wollen, uns also elektromagnetische Wellen im Vakuum nicht interessieren.

Wichtig zu betonen, dass solche Wellen auch nicht aus Materie bestehen. Trotzdem reagieren sie auf diese, durchqueren Vakuum mit Lichtgeschwindigkeit, sind hingegen in der Luft deutlich langsamer. Es handelt sich im Prinzip um Schwingungen. Wie wir schon bei den E-Motoren gesehen haben, sind elektrische Schwingungen immer auch von magnetischen begleitet und umgekehrt.

Schon bei den Elektronen gibt es das schwer zu verstehende Phänomen, dass sie wie Teilchen und auch wie Wellen auftreten können. Wirft man ein Teilchen, so hat das eine einigermaßen klar definierte Wurf und ggfls. Auftreffrichtung. Wellen hingegen verbreiten sich.

Man braucht Schwingungen, um elektromagnetische Wellen zu erzeugen. Vermutlich würde es reichen, einen relativ kleinen Wechselstrom auf ein Stück Draht zu leiten, um mit diesem solche in der Umgebung zu erzeugen. Erstaunlich ist dabei die Reichweite. Schon Nikola Tesla hat Ende des vorvorigen Jahrhunderts mit 30 km Übertragungsweg gearbeitet.

Offensichtlich kann etwas, das keine Masse hat, auch nirgends anstoßen. Wichtig ist auch, dass auf diese Weise nicht nur Signale, sondern immer auch Energien übertragen werden. Bei Signalen besteht allerdings das Problem, dass der Empfänger den Sender erkennt und versteht. Hält man nur einen Draht in die Luft, kann man die Wellenbewegungen pro Zeiteinheit (Frequenz) und den Ausschlag messen (Amplitude).

Aber eine elektronische Welle ist heutzutage in unserer Atmosphäre nicht allein und daher die Auswahl der richtigen schwierig. Schließlich muss so ein Auto ja exakt auf die von der Fernbedienung ausgegebenen Befehle reagieren. Deshalb ist bei dieser Suche dauernd von der Frequenz die Rede. Die wird z.B. von einem sogenannten Quarz erzeugt, genauer gesagt zwei dieselben, einen in der Fernsteuerung und einen im Auto.

Anders als beispielsweise beim Radio, braucht man hier nur eine oder besser zwei Frequenzen, wenn wir jetzt einmal davon ausgehen, dass diese während einer Sendung nicht gewechselt wird. Der Quarz im Auto hilft also durch Vergleich, alle Frequenzen wegzulassen, die für die Fortbewegung des Autos irrelevant sind. Übrigens, noch sind wir in der Analogtechnik.

Das ändert sich, wenn es um die weitere Auswertung der Wellen geht. Ist deren Ausprägung im Detail das entscheidende Maß aller Dinge, bleiben wir analog. Kommt es hingegen auf die zeitliche Abfolge bzw. Breite der dann meist rechteckigen Wellen an, wird es digital. Und nur darauf wollen wir uns jetzt fokussieren.

Es gibt also je eine digitale Bewegung bei den ankommenden Wellen, die herausgefiltert wurden, eine z.B. für die Lenkung und eine für den Antrieb. Am Antrieb lässt sich auch gut erklären, wie denn verschiedene Geschwindigkeiten funktionieren. Der linke Steuerknüppel ist, wie wir schon festgestellt haben, mit einem Potentiometer verbunden und dessen Widerstandswert wird in Form von Impulsen weitergegeben.

Das kann deren Häufigkeit betreffen oder deren Abstände voneinander. Wir werden es schon noch herausfinden, wenn wir nur entweder die an der Fernsteuerung abgehenden oder die am Auto ankommenden zu fassen kriegen. Denn genau die gilt es nachzumachen, das gesendete Signal z.B. an einer Kurve zu überlagern.

Mit dem Unimog haben wir übrigens im Gegensatz zum VW T1 eine Funkverbindung mit drei Kanälen gekauft. Hinzugekommen ist ein Schalter für die gelbe Signalleuchte. Man könnte die beiden Autos auch über eine von den Kanälen her umstellbare Fernsteuerung ansprechen, aber immer nur eines bedienen. Dann kann man nicht gegeneinander antreten.

Abbildung 118

kfz-tech.de/YM231

 Decoder 1

Abbildung 119

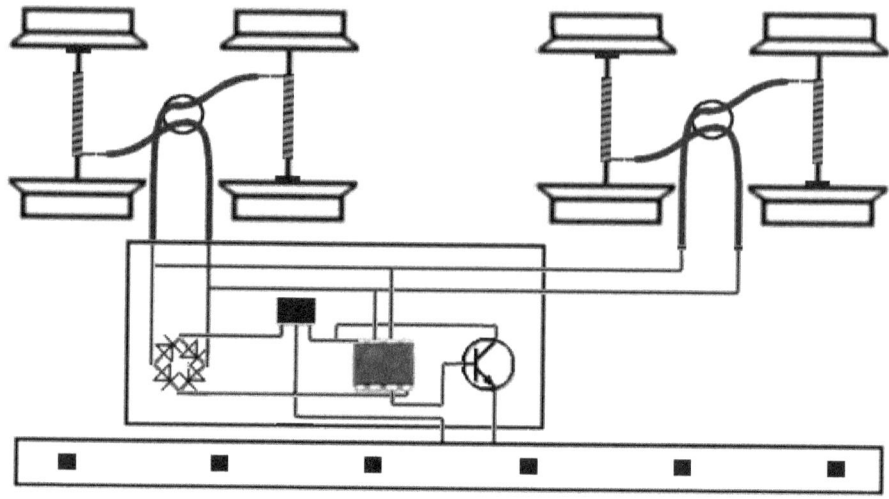

Idee einer Schaltung: Innenbeleuchtung mit Attiny 85

Wir wagen es schon gar nicht, das Kapitel 'Lokdecoder' zu nennen, denn so etwas selbst herzustellen, wird fast überall als Ding der Unmöglichkeit hingestellt. Warum? Weil dieses nur dann in fast alle Loks passt, wenn es in SMD-Technik hergestellt wird. Da sind die einzelnen zu lötenden Stellen besonders dicht beieinander. Außerdem sind die Beschaffung der Bauteile und die Programmierung schwierig.

Immerhin möchten wir die Frage bei bis zu 36 planbaren Zügen und erst 11 erstandenen Lokdecodern gerne offenlassen. Lassen wir auch noch die Lok kurz beiseite und widmen uns angehängten Personenwagen. Wie schon im Kapitel 'Digital 4' angemerkt, hat uns das fehlende Innenlicht an einem gekauften, digital gesteuerten ICE gestört.

Da liefert man alle möglichen wählbaren Geräusche, auch solche, die eigentlich stationär vom Bahnsteig kommen müssten, aber der moderne Zug bleibt dunkel. Dafür brennt dann u.U. hinten weißes Licht, solange die Anlage eingeschaltet ist. Nun gut, es war eine Startpackung, die man bezüglich ihrer Erweiterbarkeit grundsätzlich mit Vorsicht genießen sollte.

Uns schwebt ganz anderes vor. Da soll das Innenlicht an Waggons separat einschaltbar sein, unabhängig davon, ob eine Lok davorhängt oder nicht. Also kommt hier eine Kabelverbindung zum Lokdecoder nicht in Frage.

Zähneknirschend würden wir eine zwischen den Waggons eines abgehängten Zuges akzeptieren.

Zusammen mit der Lok wäre vielleicht eine natürliche Reihenfolge, dass z.B. zum Reinigen der Waggons zunächst nur deren Licht eingeschaltet sein sollte. Dann käme die Beleuchtung innerhalb der Lok hinzu und kurz vor der Abfahrt vorne Weiß und hinten Rot. Töne wollen wir grundsätzlich zentral für die ganze Anlage ausgeben, gerne auch gemischt von verschiedenen Zügen.

Das bedeutet aber für alle Personenzüge mindestens zwei statt einem Lokdecoder. Und sollten wir die Beleuchtung ohne Kabelverbindung zwischen den Waggons schaffen, für jeden von diesen einen Decoder. Beim System Märklin wäre dann jedes Mal ein Mittelschleifer nötig. Wir mit unserem Zweischienen-Gleichstrom könnten die Räder anzapfen.

Das muss dann noch nicht einmal so ein empfindlicher Schleifer am Rad selbst sein. Man könnte die Radachsen auch nur einseitig isolieren, im schlimmsten Fall sogar ein brüniertes Stahlrad mit einem aus Kunststoff kombinieren und dann starreren, sicher abgreifenden Draht um die Achse wickeln und an diesen ein flexibles Kabel anlöten.

Im Normalfall würden ein Stahlrad mit und eins ohne Isolator miteinander kombiniert. Bei Personenwagen mit zwei Drehgestellen würden unsere Systeme sogar Weichen mit isolierten Stellen ohne Kontaktverlust überstehen, was der kurze Schleifer von Märklin nicht bieten kann. Für alle Fälle wäre allerdings ein Kondensator für flackerfreies Licht nicht schlecht.

Sie sehen also, der Bedarf an Decodern könnte ins Unermessliche gehen, Linderung der Kosten wäre demnach nicht schlecht. Eigentlich ist ja auch in einem Personenwaggon mehr Platz als in mancher Lok. Also ohne die vermaledeite SMD-Technik, die wir uns nicht zutrauen und vielleicht sogar mit einer Teilung der Aufgaben.

Ganz naiv gedacht, braucht es ja nur eine Adresse, die man über die beiden Schienen der Gleise schickt und von der man vielleicht 1.000 zur Verfügung hat. Da würde dann nur verglichen und wenn diese übereinstimmt, das Licht eingeschaltet. Wirft die Frage auf, die im nächsten Kapitel angegangen wird, wie überhaupt ein Lokdecoder funktioniert.

Überhaupt wollen wir an dieser Stelle noch einmal zum Ausdruck bringen, wie faszinierend es wäre, alle Steuerung einer Anlage ginge im Prinzip von eben jenen beiden Teilen einer ganz normalen Schiene aus, vielleicht unterstützt von separat dazu gezogenen Kabeln. Je nach deren Dimensionierung ist noch nicht einmal eine separate Stromzuführung nötig.

Unklar, was da für eine große Anlage für ein Netzteil zugehört oder ob man überhaupt diese modernen Netzteile miteinander kombinieren kann. Und nicht nur das, diesen starken Strömen müsste man ja z.B. Pulsweiten mitgeben können. Aber bestimmte Teile der Anlage einfach nur so mit Strom zu versorgen, ist gewiss keine große Komplizierung.

Abbildung 120

kfz-tech.de/YM235

 Decoder 2

Abbildung 121

kfz-tech.de/YM236

Da drängt sich wirklich die Frage auf, wie denn nun ein solcher Decoder funktioniert. Da wir Sie bei der Beantwortung dieser Frage auf keinen Fall verlieren wollen und das Thema ja auch für jemanden interessant sein kann, der keine Decoder bauen will, nehmen wir uns zunächst zwei leichter zu erklärende Teile eines Decoders vor, den Anfang und das Ende.

Da kommt ein seltsam anmutendes Signal herein. Man könnte es für einen Wechselstrom halten, aber es fehlt ihm die typische Wellenform. Außerdem noch, wenn man genauer hinschaut, die Gleichförmigkeit. Genau in der Abkehr davon steckt ja gerade die Information an die verschiedensten elektrischen Teile der Anlage.

Vereinfacht kann man sagen, damit ein 'high' erkannt wird, muss die Spannung auf über 18 V steigen, und für ein 'low' auf unter -18 V. Aber zunächst kümmern wir uns darum, genügend Leistung aus diesem Angebot zu gewinnen. Z.B. brauchen wir genügend Strom für den oder die Motoren der Lok, womit wir bei der Konstruktion des Lokdecoders angekommen wären.

Abbildung 122

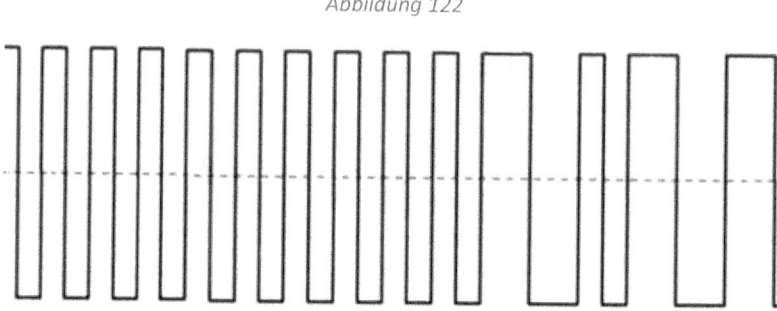

Nehmen wir dazu nur einen einzigen Gleichrichter und wäre er noch so stark, er würde uns entweder die Ausschläge nach Plus oder die nach Minus komplett wegsieben. Sie würden verschwinden, in Wärme umgewandelt werden, jedenfalls für uns in der Lok nicht mehr nutzbar sein.

Abbildung 123

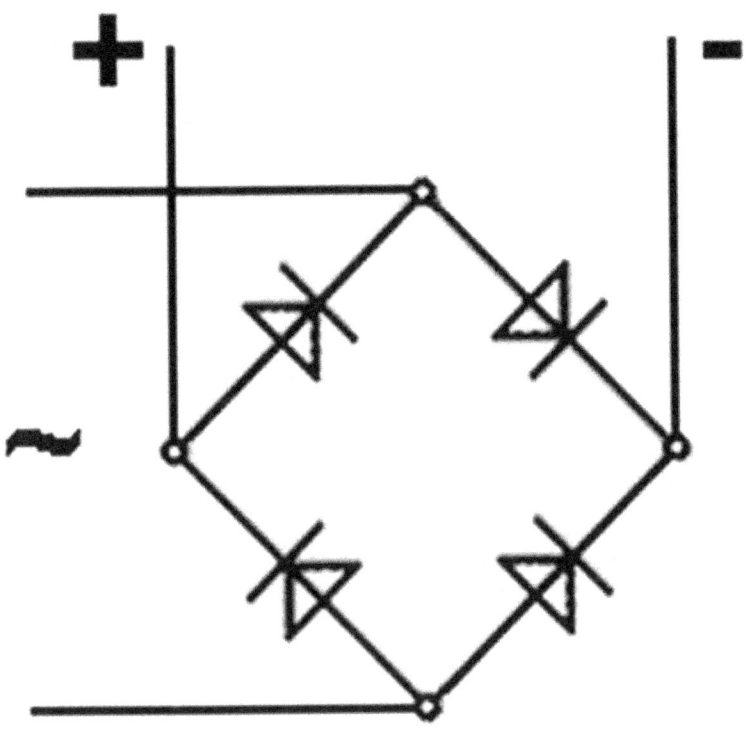

Es sind vier von ihnen nötig, um dann so wie oben verschaltet, auch die jeweils andere Polung nutzbar zu machen. Diagrammmäßig betrachtet müssen Sie sich das so vorstellen, als würden die Teile unterhalb der Nulllinie nach oben geklappt. Es stehen also kontinuierlich mehr als 18 V zur Verfügung.

Allerdings muss man sich auch bei fertig gekauften Lokdecodern immer Gedanken um die Stromstärke bzw. die nötige Leistung machen. Und natürlich die Kosten, wenn man eine ganze Reihe von Decodern bauen will, auch wenn es nur für den Bereich der Personenwagen ist. Versorgt da ein Decoder mehrere möglicherweise sogar mit Glühlampen, kann es eng werden.

Vielleicht eine gute Gelegenheit, über Kosten zu reden. Bücher über Elektronik können schnell veralten, besonders, wenn es um Bauteile geht. Da wird in einem von denen der Bau eines Decoders mit einem Microcontroller der Bezeichnung PIC 16F84 angegangen. Die

Bestellnummer bei Conrad wird mitgeliefert. Sie ahnen es, wenn Conrad ins Spiel kommt, könnte es teurer werden.

Dort angekommen, recherchiert man, dass es diesen Chip nicht mehr gibt, wohl aber einen deutlich schnelleren, den man für die Modellbahn aber eigentlich nicht braucht. Und dann die Kosten: 16 € plus Versand. Ja warum soll man selbst bauen, wenn dazu ein Teil gekauft werden muss, dass schon fast den Preis eines zumindest gebraucht erhältlichen Decoders erreicht.

Das Buch kann nichts dafür. 18 Jahre sind halt in der Elektronik eine halbe Ewigkeit. Obwohl auch der avisierte Vorgänger vermutlich kein Ausbund an Kostenersparnis gewesen wäre. Ob es sich bei Elektronikern/innen des Öfteren um weniger kostenbewusste Menschen handelt?

Zurück zu den Dioden, denn der Tipp ist wirklich sein Geld wert. Sie können also die Schaltung oben aus vier 'normalen' Dioden aufbauen. Beachten Sie deren Stromstärke. Reicht die nicht aus, nehmen Sie Schottky-Dioden. Und sollten die auch zu heiß werden, können Sie einfach jeweils verdoppeln. Natürlich zweigen Sie vorher das Signal zur Auswertung ab.

War das jetzt besonders? Einen Gleichrichter kann man doch relativ leicht verstehen. Um dieses Niveau nicht zu übersteigen, wenden wir uns jetzt dem Ausgang eines Lokdecoders zu. Hier haben wir es, wie so oft, mit einem Relais zu tun. Und erst dort offenbaren sich die Unterschiede zwischen einem Decoder für Märklin oder einem für Gleichstrom-Systeme.

▢▍▍ Decoder 3

Abbildung 124

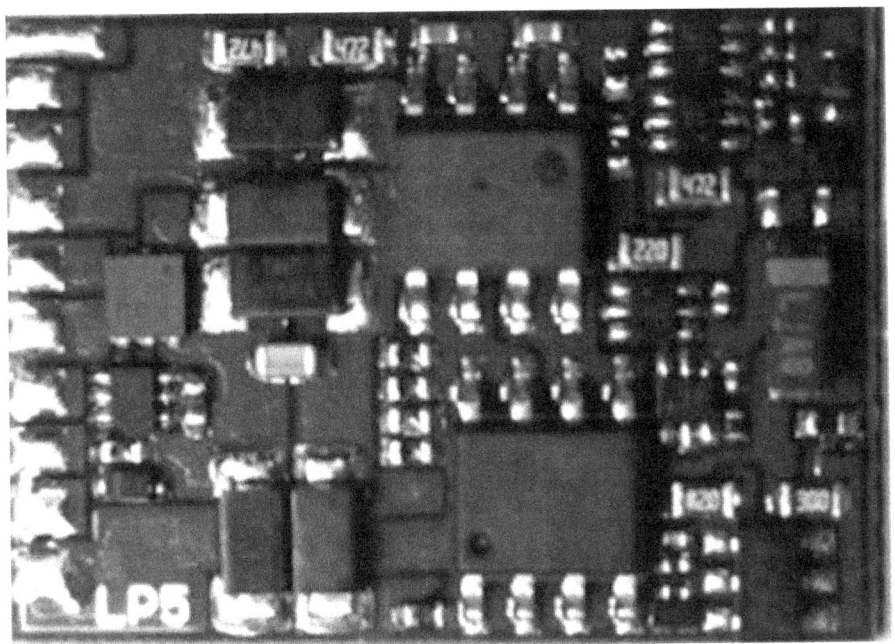

Also noch einmal zum Mitschreiben: Decoder für Gleich- und Wechselstromsysteme machen alle das Gleiche mit dem über den Schienenstrang gesendeten Signal, was noch zu erklären wäre. Nur am Ende unterscheiden sie sich. Ihre Tätigkeiten münden in einem Relais. Was dieses allerdings schaltet, das unterscheidet sich.

Das geht sogar quer durch das System Märklin. Denn hier kann es sich um eine nachträgliche Veränderung in Richtung Hochleistungsmotor mit Permanentmagnet in der Feldwicklung handeln. Der wird dann ebenso von Vorwärts- auf Rückwärtsfahrt an-/abgeschaltet bzw. umgepolt, wie die Motoren der Gleichstromwelt auch.

Im Kapitel 'Märklin 5' haben wir beschrieben, wie man den alten Motor beibehält und trotzdem über einen Lokdecoder steuert. Da ist dann eine besondere Steuerung mit zwei Dioden nötig, die manchmal schon auf der Platine enthalten ist. Wir werden mehrere Decoder für alte und neue Wechselstrom- und Gleichstromloks testen.

Was macht jetzt aber so ein Decoder? Er kümmert sich hauptsächlich um das, was vor den Gleichrichtern abgezweigt wurde und wird zunächst einmal seiner Bezeichnung gerecht, nämlich er decodiert. Heißt in der Praxis, er schaut, ob er überhaupt betroffen ist, sieht dies an der Adresse, die jeglichen Daten nach der Synchronisierung vorangestellt ist.

Das ist übrigens gar nicht so einfach, denn er muss zunächst einmal ein Tempo entwickeln, was dem der ankommenden Daten angemessen ist. So wie das Korn vom Mähdrescher nur dann während der Fahrt verlustfrei aufgenommen werden kann, wenn eine Synchronisierung bei der Fahrgeschwindigkeit zu dem Schlepper mit dem Kornanhänger besteht.

Deshalb werden schon der Adresse mehrere regelmäßige Wechsel von Low nach High und umgekehrt vorangestellt, möglichst immer die 18 V in Richtung Plus und Minus überschreitend. Denn für den normalen Fahrbetrieb können es bei Höchstgeschwindigkeit bis zu 15 V sein, und davon muss sich die Steuerung unterscheiden.

Die Spannung soll jeweils für 58 µs gehalten werden, so sagt es jedenfalls die **N**ational **M**odel **R**ailroad **A**ssociation-Norm. Ist ein wenig theoretisch, denn keine Spannung kommt als Sprung auf eine bestimmte Voltzahl zustande. Immer dauert es ein wenig, bis sie erreicht wird. Deshalb greift das lesende Gerät besser nicht zu früh während dieser 58 µs auf das Signal zu.

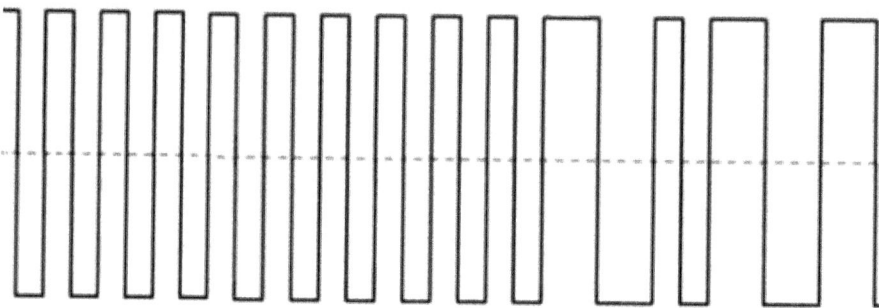

Ein Wechsel für 58 µs auf Plus und die gleiche Zeit auf Minus ist als logische '1' zu interpretieren, ein dauerndes Verharren für 116 µs auf Plus oder Minus als '0'. Mit zehn Einsen geht es los, offensichtlich genügend Zeit, um alle die Nachricht Abgreifenden an deren Takt zu gewöhnen.

Das ist übrigens ein unheimlich spannendes Thema, noch längst nicht alle Aspekte geklärt. Zunächst nur so viel: Stellen Sie sich also einen Leser vor, dessen Taktrate mit der vom Schreiber nicht harmoniert. Erste Frage wäre, wie merkt der das denn überhaupt? Ganz einfach, er bekommt keine zehn

Einsen zusammen. Entweder fehlt ihm eine, dann ist er zu langsam, oder er hat eine zu viel, dann ist er zu schnell.

Dann wird es spannend, denn es folgt die Adresse. Wir würden jetzt hier von der Lokadresse reden, wollen aber letztlich so viele zu schaltende Elemente wie möglich an die Schienen anschließen. Das wären dann stationäre wie z.B. Weichen und Signale und bewegliche wie Loksteuerung und Wagenbeleuchtung. Alle machen bei dieser Lotterie mit.

Abbildung 125

https://www.heise.de/ratgeber/Erste-Schritte-mit-den-Mikrocontrollern-ATtiny84-und-85-4399393.html

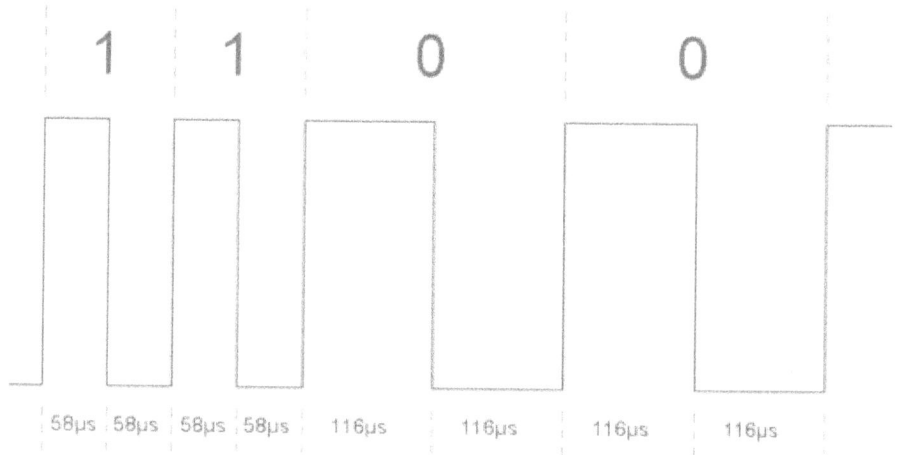

Abbildung 126

https://www.opendcc.de/info/dcc/dcc.html

 # Car - Zusammenfassung

Abbildung 127

kfz-tech.de/YM237

Die Arbeit an diesem zweiten Band biegt so langsam in die Zielgerade ein und wir fühlen uns verpflichtet, unseren Lesern/innen nach der Eröffnung des Themas so eine Art Orientierung mitzugeben, damit zu diesem Zeitpunkt zumindest nicht alles 'in der Luft hängen bleibt'.

Wir hatten zwischendurch zweifellos große Pläne, aber solchen droht gerade das Schicksal, das oben beschrieben ist. Wir haben uns deshalb entschlossen, diese Pläne auf Augenmaß zurückzustutzen. Lange Rede kurzer Sinn, die freie Steuerung von Fahrzeugen durch den Computer ist vom Tisch.

Konsequenz: Wir werden zu gegebener Zeit den Unimog und den VW T1 - Märklin wieder verkaufen, leider auch den schönen Märklin-Anhänger. Den brauchen wir dann auch nicht umzubauen. Alles unter dem Vorbehalt, dass uns Ebay aus unserer gegenwärtigen Aktion nicht zu viel von unserem schmalen Gewinn abzieht.

Durch das Video unten mit der mehr oder weniger gelungenen Steuerung durch einen Hallgeber ist uns klargeworden, dass in dem 'alten' Faller-System doch mehr Substanz drinsteckt, als wir ursprünglich angenommen hatten. Allein schon deshalb ist es gar nicht so schlecht, möglichst viele Lösungen auszuprobieren.

Wo wollen wir hin? Doch wieder Draht in eine Fahrbahn verlegen, vielleicht, aber keine Magnetkette wie bei Viessmann. Es wäre zu schön gewesen, aber die wenigen Fahrzeuge, die fast ausschließlich im Zustand 'Neu' auf dem Markt sind, können und wollen wir uns einfach nicht leisten. Für das Spitzenmodell, den blauen Actros, werden immer über 200 € aufgerufen.

Wir brauchen nämlich Bewegung auf der neu geplanten, größeren Anlage, also mehrere Fahrzeuge. Eine Buslinie mit mehreren Haltestellen wäre ideal. Denn, wie im Video oben erklärt, steckt die automatische Abstandssteuerung mit selbstständig fahrenden Autos ohne die teuren DC-Systeme noch in den Kinderschuhen.

Wir lösen das Problem vielleicht durch die Haltestellen. Dort muss ohnehin angehalten werden und wir lassen auch unsere Busse nicht allzu schnell fahren. Was uns noch fehlt, ist die Auslösung, den Haltepunkt wieder auf 'Stopp' zu setzen, wenn ein Bus diesen verlassen hat. Uns schwebt eine Blocksteuerung vor, wie sie auch schon bei analogen Modellbahnen vorkommt.

D.h. ein beliebiger Bus schaltet immer den Weg bis zum letzten Haltepunkt frei, wenn er diesen verlassen hat. Dieses vollautomatische System ist für den Anfang genau nach unserem Geschmack. Sollten zur Erreichung unseres Ziels noch Zusatzausstattungen nötig sein, so bietet ein Bus genügend Platz. Vielleicht ist sogar die Installation eines zweiten Batterie-Packs ein Laden nur bei großen Pausen der gesamten Anlage nötig.

Aber es gibt auch noch einen zweiten Gedanken, von dem wir anscheinend nicht mehr lassen wollen, nämlich den Selbstbau von Straßen. Also Straßenteile mit Hilfe des 3D-Druckers vorfertigen, Draht nachträglich in den dafür vorgesehenen Schacht mit nur höchsten 1 mm Wandstärke nach oben einführen, Geraden, Bögen, Kreuzungen usw. einführen.

> Vielleicht kaufen wir auch Teile von der Faller Car Laser Street zur Anschauung.

Eines hat uns am 'alten' Faller-System immer gestört, und das ist der Platzbedarf nach unten in die Platte hinein bei Stoppstellen und Weichen. Das wollen wir anders lösen: Keine Dreh-, sondern eine Schiebevorrichtung, nicht durch Magnetismus schalten, sondern durch Verschieben des Teils mit einem anders geführten Draht. Dann könnte nämlich alles oberirdisch bleiben.

Also eine nach wie vor dünne Straße, die nur ein Verschieben möglich macht. Das muss dann ja entweder eine Kreuzung oder eine Haltestelle sein. Je nach Größe des Magneten oder Servomotors ist neben der Straße Kreativität gefragt. Das kann ein Eckhaus oder eine etwas aufwendiger gestaltete Haltestelle oder ein Haus zusätzlich sein.

Mit dem 3D-Drucker hat man natürlich die Möglichkeit, die Verkleidung des 'Verschiebers' jedes Mal anders zu gestalten. Vielleicht lässt man den Schacht für den einklickbaren Draht sogar nach oben hin offen und nimmt als Abdeckung nur die Folie für die Straße selbst und die Fahrbahnmarkierungen.

Genau so kann die Idee jetzt einmal ruhen. Wir wissen, dass wir alle Teile für den Wiederverkauf von Unimog und T1 beieinander halten müssen, auch die kleinen Schräubchen, mit denen bei Carson die Modelle im Sichtkarton befestigt sind. Inzwischen können wir nach möglichst gebrauchten Bussen für das 'alte' Faller-System Ausschau halten.

Komplette Faller-Car Broschüre

◻▐|||| Verkauf 1

Abbildung 128

Wie hat das mit dem Verkaufen eigentlich angefangen? Vollkommen logisch erst einmal mit 'Kaufen'. Da wurden bei Ebay sechs TEE-Waggons aus einer frühen Serie von Trix Express angeboten. Auffallend war, dass da zwei mit Panoramadach dabei waren, also einer zu viel.

Zudem war der (plexy-) gläserne Dachausschnitt des einen erkennbar dunkler als das des anderen. So etwas ist immer ungünstig für einen Verkauf, aber genau nach solchen Fehlern suchen wir bisweilen. Warum haben wir aber in diesem Fall ein, wenn auch sehr niedriges Gebot abgegeben?

Lesen Sie mehr dazu im Kapitel 'Fehler 1'.

Ein Blick in unsere Sammlung offenbart sechs TEE-Waggons, allerdings keinen Panoramawagen, dafür aber zwei Speisewagen sogar mit Pantographen. Zu reizvoll wäre es, man würde einen der beiden

Panoramawagen gegen einen mit Pantographen tauschen, dann hätte man zwei komplette Züge.

Gesagt getan, und diese sechs Waggons tatsächlich für 69 € einschl. Versand ergattert, muss man schon sagen. Da man eigentlich nicht mit einem Kauf zu einem so niedrigen Tarif gerechnet hat, beginnt man erst jetzt, die Sache genauer zu betrachten. Ziemlich bald ist klar, dass man nicht zwei gleiche Züge über die zukünftige Anlage fahren lassen will.

Dann der Schreck, nicht genau hingeschaut, denn die TEE-Wagen mit Pantographen sind von Fleischmann. Ausschau nach dem Erscheinen des Sets in Trix-Katalogen gehalten und 1968 fündig geworden. Natürlich sind das nur fünf und ein Speisewagen ohne Pantographen ist dabei. Nur der Schlafwagen fehlt.

Was jetzt? Wir verkaufen das Set, wobei wir den Panoramawagen mit dem dunkleren Dach behalten und versuchen, dieses zu reinigen. Aber dann werden trotzdem die beiden Fleischmann-Waggons mitlaufen. Wie lösen wir das? Auf jeden Fall pragmatisch.

Wir haben nämlich noch ein Problem, weil zwei der Glaskästen beschädigt sind. Außerdem fehlen Abstandsstücke, die Waggons sicher auf den Plastikgleisen halten. Für drei von ihnen sind die Kästen auch zu lang. Aufgeben geht nicht mehr, wir haben schließlich gekauft.

Da kommt uns das Angebot eines weiteren Großraumwagens mit intaktem Glaskasten gelegen, im Vergleich zu den schon gekauften relativ teuer, verglichen mit anderen relativ günstig für 26 €. Die Überlegung (falls Sie überhaupt noch folgen können): Wenn wir jetzt fünf verkaufen, haben wir am Ende einen Zug mit acht Wagen, da fallen die zwei mit Pantographen nicht mehr so auf.

Abbildung 129

Viel Arbeit haben wir uns allerdings mit dem Verkauf gemacht. Zwei Arten von Abstandshaltern in 3D-Druck (siehe Kapitel 3D-Druck 5) und neue Etiketten (Bild oben) erstellt. Dann zur Präsentation über die Tage zwischen Weihnachten und Neujahr bei Ebay eingestellt, zusammen mit den Seiten aus dem Katalog von 1968 (Bild unten).

84 € hat die Auktion erbracht, wobei wir leider nur 3 € für den Versand gefordert hatten. Ein Fehler, denn der Versand hat 4,79 € gekostet. Wir

hätten sogar lieber 5,40 € bezahlt, weil die Fuhre dann versichert gewesen wäre, aber die Dame im Paketshop wollte diese Möglichkeit nicht wahrhaben.

Sie wollte dann schon gleich 6,99 € haben, was uns wiederum zu teuer war. Erstaunlich, dass man im Paketshop betont, deren Preise entsprächen nicht denen im Internet, man müsste schließlich auch etwas verdienen. Aber seltsamerweise stimmen die Tarife für Päckchen ohne Versicherung und Pakete mit vollkommen überein.

Sei's drum, wir haben es mit zwei Kartons ineinander und etwas Staumaterial dazwischen abgeschickt und hoffen, dass es heil ankommt. Abzüglich der Kosten für den Verkauf bei Ebay, die wir noch nicht kennen, haben wir 69 + 26 = 95 € bezahlt und gut 79 € erlöst. Die Differenz ist doch nicht schlecht für zwei zusätzliche TEE-Wagen, oder? Allerdings war es wieder einmal viel Arbeit.

Lesen Sie mehr dazu im Kapitel 'Fehler 2'.

▢▥ Verkauf 2

Abbildung 130

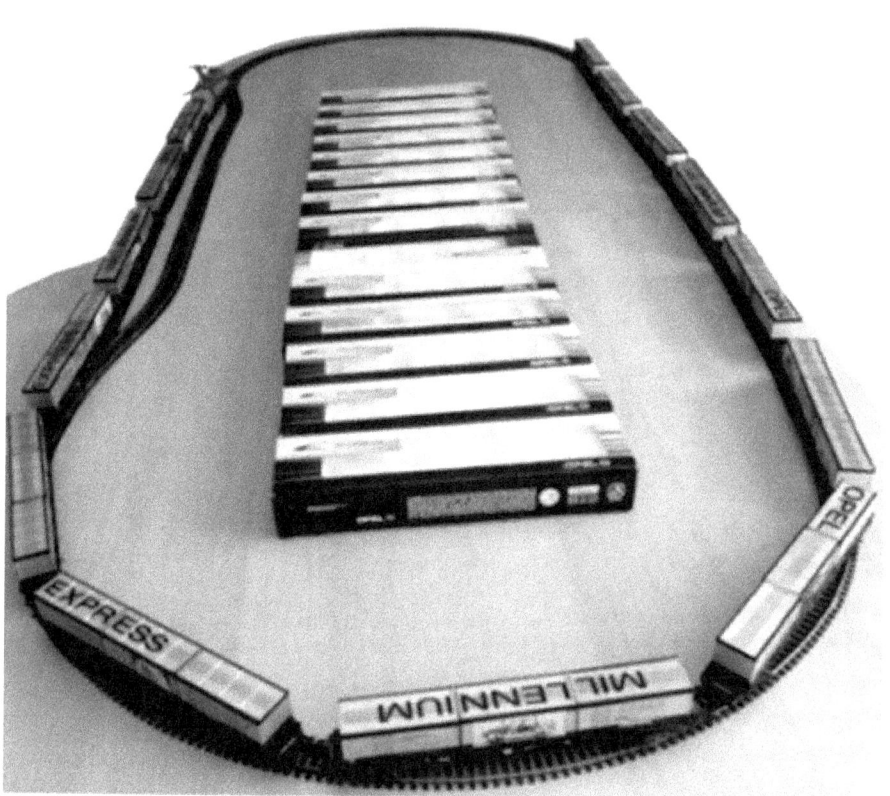

Eine völlig andere Geschichte, hat aber auch mit Verkauf zu tun. Es war übrigens das erste Mal nach langer Zeit, dass wir uns wieder für einen Verkauf bei Ebay entschieden haben. Die Entscheidung stand diesmal allerdings schon beim ersten Gebot fest.

Worum geht es? Ja, es ist das erste Mal, dass wir eine Brücke schlagen können zwischen unseren Kfz- und Modelbauseiten, dadurch natürlich auch später zwischen den Buchreihen. Der Zufall wollte es, dass Opel genau zur Jahrtausendwende 100 Jahre alt wurde.

Ganz exakt sind es sogar 101 Jahre und es ist auch nur der Beginn der Kfz-Fertigung. Die Opel-Werke selbst sind viel älter. Aber wie hätten wir uns diese Chance entgehen lassen können? Dass es sich um 14 Waggons handeln würde und damit um einen Zug ohne Lok von 3,5 m Länge, erschien uns nebensächlich.

Man munkelt, ursprünglich habe das Set über 600 DM gekostet und man findet mühelos einzelne Waggons, für die unverschämte 77 € + Versand verlangt werden. Da waren wir doch wirklich gut bedient mit unseren 167 € einschl. Versand. Das Set war allerdings nicht ganz so toll wie angekündigt.

Immerhin, alle Kartons waren einschließlich der Beipackzettel dabei. Allerdings gab es zwei Arten von Kupplungen, so dass wir welche kaufen mussten, um alle einheitlich gestalten zu können. Natürlich haben wir bei einem der Kupplungswechsel auch noch ein Unterteil zerbrochen.

Nein, nur kleben und dann die Waggons als nahezu neuwertig anzubieten, geht gar nicht. Also den kompletten Unterbau nachgezeichnet und dabei gezwungenermaßen ein weiteres Stück CAD-3D gelernt, wie man in den Kapiteln 3D-CAD 1 bis 5 nachlesen kann. Zum Schluss hat uns dann doch noch der 3D-Drucker im Stich gelassen.

Leider ist unser Zeitplan wieder einmal verrutscht. Wir hatten die Waggons schon wieder angeboten und die Zeit bis zur Auslieferung rannte uns davon. Zum Glück lief uns das Angebot exakt des Teils über den Weg, sogar noch mit sicherem Liefertermin. Also 8 € incl. Versand für eine verpatzte Reparatur.

Nein, behalten wollten wir die Waggons nicht. Der Zug war wie gesagt zu lang für unsere damalig geplante Anlage und auch in der neuen würde er unangenehm hervorstechen. Zudem wiederholen sich die Motive und wenn man das bereinigen würde, bliebe ein Zug mit zehn vernünftig gestalteten Containerwagen übrig.

Und in die Vitrine stellen wollen wir erst recht nichts, zumal wir keine solche besitzen. Immerhin hätte man die 14 Verpackungen auch nicht wegwerfen können, weil zu wertvoll. Wir haben auch noch eine solche Serie mit Porsche-Wagen vor, sozusagen ein zweiter Bezug zur Kfz-Technik.

Und dann hatten wir auch bald an der Konstruktion zu meckern. Wir werden es anders machen, so dass es dem 3D-Druck besser gerecht wird. Immerhin haben wird die Maße und die unglaublich vielen Bilder, die uns eine Neukonstruktion sehr erleichtern werden.

Ach ja, beinahe hätten wir es vergessen: Bei dem Kauf der 14 Waggons war noch ein entzückender kleiner Güterwagen mit Opel-Emblem, sehr gepflegt in unversehrtem Glaskasten. Den haben wir natürlich behalten als kleines Andenken an die viele Mühe, die wir uns mit dem Gesamtprojekt gegeben haben.

Es folgt die Ernüchterung: Ebay hat die Abrechnung geschickt. Von den fast 282 €, die wir durch den Verkauf erzielt haben, sind nur knapp 250 € übriggeblieben. Lassen wir den Fehler mit dem abgebrochenen Teil und dessen Folgen weg, hat uns die Geschichte 79 € + 174 € = 253 €. gekostet.

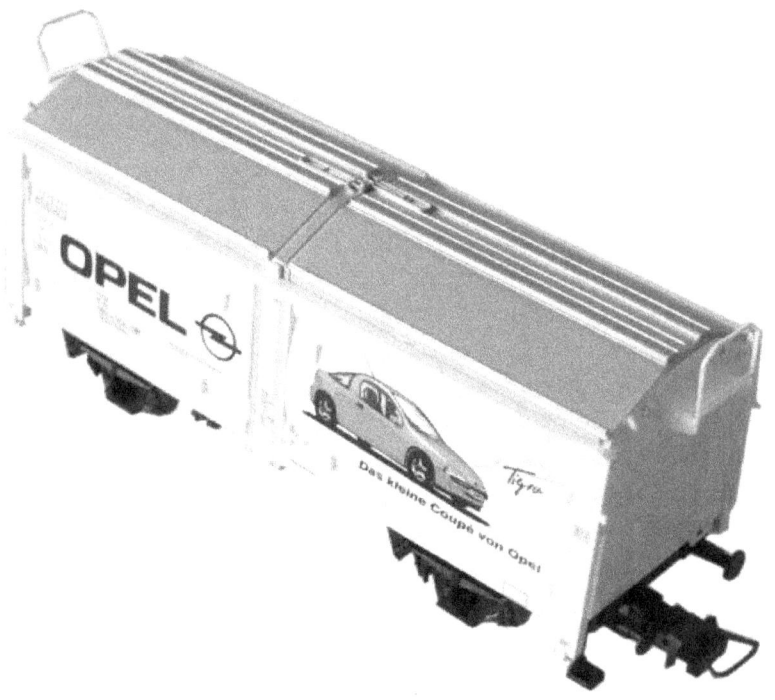

kfz-tech.de/PM219

186

Wohlverstanden, wir sind enttäuscht, dass Ebay tatsächlich 11 Prozent vom Auktionsergebnis nimmt, 32 € (!) von 282 €. Rechnen Sie das einmal hoch, was da zusammenkommt. Wir wissen auch nicht, ob wir das nach den schon geplanten, nächsten Verkäufen weiterführen, aber wir haben für 3 € einen Opl-Güterwagen (Bild) und zwei weitere TEE-Waggons hinzugewonnen, einer davon ein Ausstellungswagen.

Aber '**Mein** Ebay' ist das zum Verkaufen definitiv nicht.

▢▮▮ Märklin: ICE -Aufbau

Abbildung 131

Da zahlt man im Normalfall 400 € für eine Startpackung, im Moment allerdings verbilligt. Und was erhält man als Anleitung, zumal es sich hier um eine komplett digital gesteuerte Anlage handelt?

Umfangreich kann man diesen Inhalt schon nennen, aber wozu dienend, als Anleitung oder als Werbung für weitere Käufe? Wenn man aber genauer hinschaut, bleibt da für das vorliegende Produkt nur eine Seite übrig, wenn man von der doppelten Besprechung der Mobile Station absieht.

Eine Seite für den kompletten Aufbau, mit der man sich zufriedengeben muss, ein einziger Textblock mit einem Satz in vier Sprachen. Ein Satz also und sechs Bilder, von denen zwei zu blass und damit wenig aussagekräftig und ein weiteres auch heute noch unverständlich ist.

Dafür enthält aber die Broschüre weitere drei große und drei kleinere Aufnahmen von schönen Anlagen, die mit der erworbenen keine Gemeinsamkeiten aufweisen.

Also dient im Grunde eine Seite von zwölf als Anleitung, der Rest ist fast ausschließlich Werbung für weitere Märklin-Produkte. Kann man ja machen, aber dabei die Hilfe für den Aufbau der gerade verkauften Anlage nicht vernachlässigen.

72 Seiten hat das Heft, aber wenn man bedenkt, dass es noch ein zusätzliches für die Bedienung der Mobile Station gibt, nur eine Seite und darauf ein Satz als Hilfe für das neue, digitale Zeitalter?

Dabei ist es gar nicht so einfach die Schienen zusammen und auch wieder auseinander zu bekommen. Man traut sich zunächst überhaupt nicht an die aufzubringende Kraft, hat Angst, etwas kaputt zu machen.

Das wirklich hilfreiche Bild ist eher klein und ein anderes so dünn gezeichnet und so stark vergrößert, dass man es nicht als Hilfe ansieht. Auch sind die Bilder nicht chronologisch angeordnet.

Und allein nur zwei Hände mit je einem Gleis offenbar kurz vor dem Zusammenstecken sagen nichts über den dazu nötigen Kraftaufwand aus, besonders bei der Demontage.

Und man ertappt sich dabei, dass man zunächst alles zusammenbaut, dann erst über die Anschlüsse von unten an die Gleise nachdenkt und folglich noch einmal demontieren muss. Die Anleitung unterstützt einen dabei.

Das Heft 'Einsteigen' von Märklin digital ist im Grunde ein Verkaufsprospekt für weitere zu kaufende Ergänzungen als eine sinnvolle Anleitung und Aufbauhilfe. In dieser Aufteilung ungeeignet.

Und eine Papierverschwendung ohnehin. Besonders bizarr ist die Erklärung 'wichtiger Begriffe', für die mehr Papier reserviert ist als für eine gescheite Anleitung.

Unglaublich, zu den wichtigen Begriffen gehört auch der 'Bahnhof'. Hätten Sie gewusst, dass dort 'Züge beginnen, enden, sich kreuzen, überholen oder mit Gleiswechsel wenden'?

Oder dass ein 'Haltepunkt' eine 'Bahnanlage ohne Weichen' ist, an der 'Züge beginnen, enden oder halten'. Was macht man dann mit den Zügen die dort enden, sie abschleppen?

Für so einen Unsinn hat man viele Worte, nicht an Übersetzungen in die anderen drei Sprachen gespart. Aber für das, was man zu einem ersten Aufbau braucht, nur einen einzigen Satz.

Ach ja, auch 'Oberleitung' wird erklärt und sogar 'Tunnel' als 'Bauwerk in Form einer Röhre, bei dem der Fahrweg unterirdisch weitergeführt wird'. Hätten Sie das gewusst. Da mussten wir erst eine so teure Anlage kaufen, um das zu erfahren.

Keine Angst, es gibt noch weitere, zumindest an dieser Stelle völlig unnötige Begriffserklärungen.

◻▮▮▮ Märklin: Mobile Station

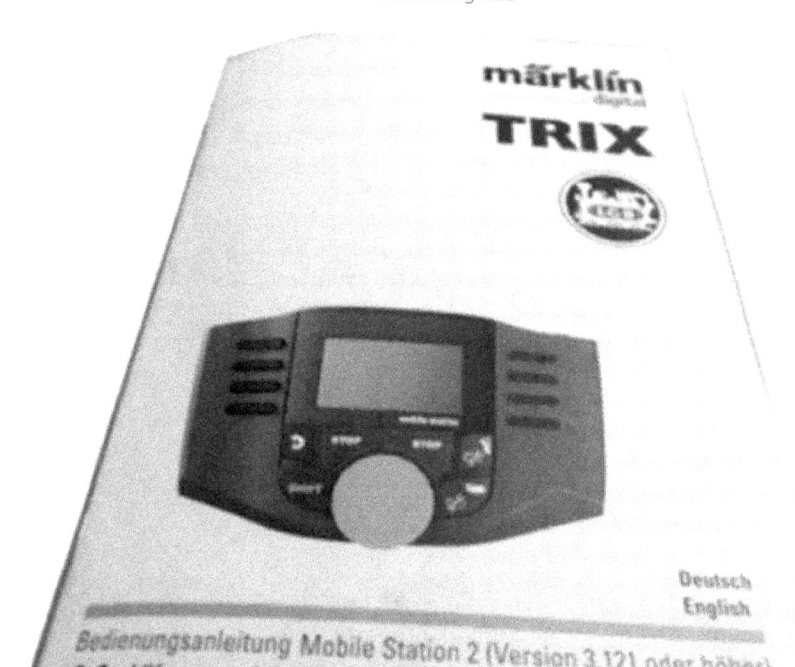

Abbildung 132

Immerhin, die Erklärungen zur Mobile Station sind wesentlich ausführlicher, wenn man auch nicht ganz einsieht, dass der nach Deutschland verkauften Startpackung auch das Heft in Englisch und Französisch beiliegt.

Der gezeigte Anschluss der Gleisbox besonders an das hier vorliegende C-Gleis ist völlig unzureichend, für den Aufbau nicht geeignet. Das betrifft nicht die Ausführungen zur Inbetriebnahme.

Aber, hat man diese Anleitung einmal Neulingen im Bereich Bedienung von Computern bzw. Modelanlagen gegeben und geschaut, wie gut sie sich damit zurechtfinden?

Doch wohl eher nicht, denn das erste Bild mit der Bezeichnung aller Tasten und des Fahrreglers überlastet auch Leute, die sich in der Regel auskennen.

Darunter steht, dass man zum Wählen scrollen soll. Aber wie scrollt man mit diesem Gerät?

Und dann auf der nächsten Seite wieder das Bild der Mobile Station mit teilweiser Wiederholung der Tastenfunktion. Ein Bild ausschließlich vom Display hätte hier gereicht.

Ohne jede weitere Erklärung ist plötzlich von der 'mfx-Lok' die Rede. Warum wird der grundsätzliche Unterschied zwischen einem mfx- und DCC-System nicht einmal vernünftig erklärt.

Gleich auf der nächsten Seite kommt die 'Lokkarte' hinzu. Wir wissen bis heute nicht, wozu eine Lok eine Karte braucht. Man ist wenigstens konsequent und erklärt anschießend 'DCC' und 'MM2' auch nicht.

Ein absoluter Spitzensatz:
'Sehen Sie einen durchgestrichenen Menüpunkt, bedeutet dies, dass er in dieser Konstellation nicht zur Verfügung steht.'

Etwas konstruktiver kritisiert: Warum geht man nicht davon aus, dass jemand nicht weiß, ob die zu betreibende eine mfx-Lok ist. Kann man aber leicht herausfinden, wenn man sie einfach nur auf das Gleis setzt.

Wird sie also nicht erkannt, ist es eine Lok fx (MM), DCC. Für die muss man dann einen freien Speicherplatz suchen und sie als neue Lok im System anlegen, falls sie noch nicht in der Lokliste steht.

An der werden dann die verschiedenen Protokolle ausprobiert und dann ist die Lok betriebsbereit. Unnötig die Warnmeldungen zu erläutern. Uns alles weitere, z.B. eine Lok (manuell) anzulegen, gehört nach hinten.

Also möglichst schnell zu den Tastenfunktionen, den Geschwindigkeitsregler erklären und besonders die Umkehrung der Fahrtrichtung. Anfänger möchten vermutlich möglichst schnell die Möglichkeiten des Sounds ausprobieren.

Und natürlich das Licht. Stattdessen ist man viel zu schnell bei den Magnetartikeln und deren Datenprotokollen. Man merkt, das hat jemand geschrieben, der/die schon alles weiß und viel zu viel voraussetzt.

Auch die Betonung auf die Abbildungen im Display, verbunden mit z.T. minimalem Text nervt. Und was hat das Thema 'Central Station' in diesem Heft zu suchen? Wieder etwas Werbung?

Abbildung 133

kfz-tech.de/YM234

◻️▮▮▮ Decoder 4

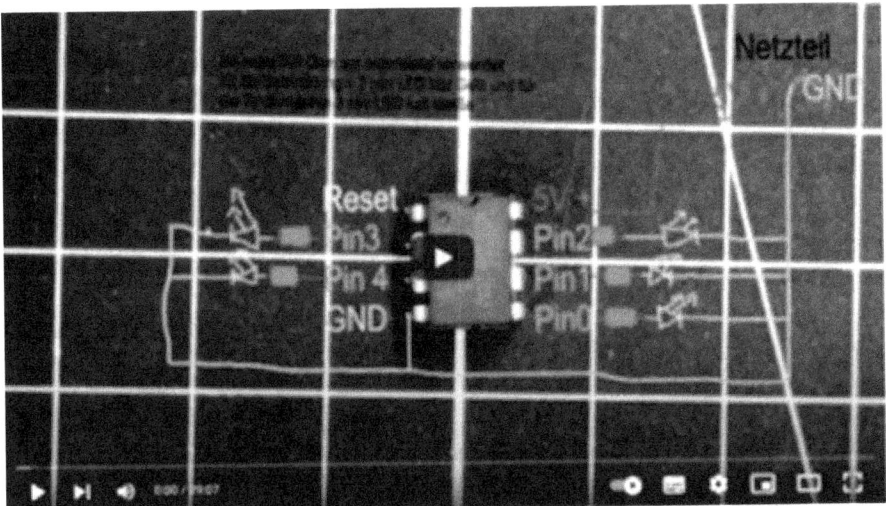

Abbildung 134

kfz-tech.de/YM246

Nachdem wir selbst den Arduino Nano als ungeeignet für Einbau mit zusätzlich nötigen Teilen in elnen Waggon oder gar in eine Lok ansahen, waren wir eigentlich ratlos, stellten uns auf 15 bis 20 € pro Lok und von Kabel durchzogene Personenwagen ein.

Bis wir erstmalig von dem ATtiny 85 hörten, natürlich zuerst auf einer kleinen Platine als Entwicklungsumgebung zusammen mit z.B. USB-Schnittstelle. Immerhin waren wir da schon bei einem Preis von unter 5 €. Wie angenehm, dann auch noch zu erfahren, dass es auch mit einem Ardino und ohne USB geht.

193

Denn natürlich braucht man im normalen Betrieb diese Schnittstelle nicht. Ist die Software einmal getestet, fährt sie ihr Programm jahrein, jahraus auch ohne Verbindung zu dem Rechner ab, auf dem sie einst entwickelt wurde. Und der Arduino kann mit dem ATtiny über Leitungen verbunden werden.

Ist nicht ganz so einfach wie eine USB-Schnittstelle, kann aber leicht gelöst werden mit einer selbstentwickelten Platine, die einen Sockel für den ATtiny bereithält. Der steckt natürlich im Decoder selbst auch in einem solchen, kann aber zur Neuprogrammierung leicht umgesetzt werden. Ab und zu soll dabei angeblich ein Beinchen abbrechen.

Bisher gibt es bei YouTube fast nur Beispiele, bei denen der ATtiny 85 irgendwelche LEDs steuert. Das haben wir zunächst auch vor und sogar im Kapitel 'Decoder 1' schon die Idee einer Schaltung vorgestellt, wie man damit einen Waggon über die Schienen mit Innenlicht ausstatten könnte.

Bei der direkten Übertragung vom PC auf den ATtiny über USB kann man diesen angeblich sogar in Maschinensprache bzw. Assembler programmieren. Für die Entwicklung durch einen Arduino haben wir dazu bisher noch kein Beispiel gefunden. Prinzipiell sehen wir aber darin keine unüberwindliche Hürde.

Eine solche Möglichkeit wäre für deutlich komplexere Aufgaben nicht unwichtig. Sie macht den Mikroprozessor deutlich schneller und lässt mehr Programmcodes zu. Wir haben alte Erfahrungen, z.B. wie man einen Commodore 64 auf diese Art und Weise frisiert und damit tolle Erfolge erzielt. Allerdings ist die Programmierung nicht ganz einfach und neigt zu Unübersichtlichkeit.

Denn die Grenzen des ATtiny sind naturgemäß eng gesteckt, besonders, wenn man noch immer dem Traum nachhängt, mit ihm einen einfachen Lokdecoder zu realisieren. Wenn er doch nur Vorwärts, Rückwärts und das in Geschwindigkeitsstufen könnte. Er darf auch gerne noch das Licht ein- bzw. ausschalten.

Immerhin sind wir mit dem nackten Chip - wir werden ihn später sicherlich nicht einzeln kaufen - bei einem Preis von etwas über 1,50 € gelandet. Mal sehen, was wir noch zusätzlich brauchen, das wird aber sicherlich nicht sehr teuer sein. Erstes Projekt wird aber, wie die Grafik im Kapitel 'Decoder' schon andeutet, die Beleuchtung eines Waggons sein.

Wir werden natürlich versuchen, mit dem ATtiny 85 auszukommen um den ATtiny 84 mit mehr Anschlüssen zu vermeiden. Obwohl das schwierig ist, weil die Anbindung an den Arduino Ports kostet, die dann für die eigentliche Aufgabe nicht zur Verfügung stehen. Auch wollen wir zusätzliche Taktgeber vermeiden, uns mit maximal 8 MHz begnügen.

Was 8 kByte Flash-Speicher und 512 Byte SRAM für die Umprogrammierung bedeuten, werden wir noch sehen. Die sind für

Sensorik-Projekte mit nur LEDs als Ausgang kein Problem, aber was, wenn eine Ausgabe mit einer etwas höheren Auflösung bei den Fahrstufen verlangt wird?

Notfalls nimmt man für die Entwicklung von Programmen doch eine Platine mit ATtiny und USB-Schnittstelle oder auch einen ATtiny 84 mit mehr Anschlüssen und schiebt das fertig getestete Programm dann über die Arduino-Entwicklungsumgebung rüber.

▢▮▮ Decoder 5

Abbildung 135

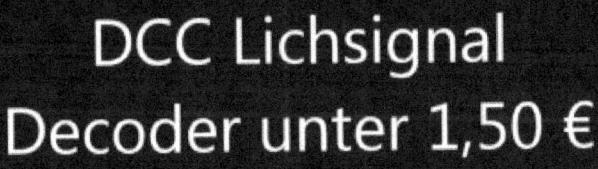

kfz-tech.de/YM239

Wir sind schon wieder einen Schritt weiter, obwohl uns, wie immer, jede Menge Hard- und Software an den Hals geredet wird, die wir gar nicht brauchen. Lassen auch Sie sich davon nicht beeindrucken.

Wir haben uns jetzt endgültig auf den ATtiny 85 festgelegt. Unserer Meinung nach reichen dessen Fähigkeiten unbedingt aus. Wie schon im Kapitel 'Decoder 4' angedeutet, benutzen wir auch nicht die Entwicklungsumgebung mit USB-Verbindung vom PC aus.

Wozu haben wir schließlich den Arduino (in unserem Fall Mega). Mal schauen, ob der sich über die gleichen Anschlüsse mit dem ATtiny verbinden lässt wie der Arduino Uno, für den es mehr Beispiele in YouTube gibt.

Eine unserer Sorgen war, dass man nicht gleichzeitig entwickeln und testen kann. Aber nach Abzählen der Anschlüsse bleiben drei übrig, was für uns einen (der Plus müsste reichen) für den Eingang und je einen zum Motor und zur Beleuchtung einschließlich Führerstand ergeben würde.

Es scheint also möglich zu sein, eine Lok ohne Gehäuse auf das Versuchsgleis zu setzen, die vermutlich wenigen Bauteile fliegend zu verdrahten und diese auch mit dem Arduino dauerhaft verbunden zu lassen, also alle Änderungen direkt auszuprobieren, in Grenzen natürlich.

Nun, wir werden sehen. Auch mit der Beleuchtung der Waggons sind wir einen Schritt weiter. Wir haben die möglichen Ausgangsströme ermittelt. Jeder der beiden Ports bringt es auf 40 mA. Man darf sie zwar nicht miteinander verbinden, aber man kann sie gemeinsam einschalten.

So kommt vermutlich auch ohne verstärkenden Transistor genügend Strom für die Mini-LEDs in den Strippen unterhalb der Dächer der Personenwagen zusammen. Wenn nicht und für die Doppelstockwagen müssen wir dann doch auf Verstärkung evtl. mit Optokopplern zurückgreifen, die aber auch nicht viel kosten.

Sollten wir wirklich das Projekt 'Lokdecoder' angehen, kommen wir ohnehin um so eine Konstruktion nicht umhin. Aber man kann feststellen, der Bereich der Ausgabe deutet auf keine unlösbaren Probleme hin. Mal sehen, was die Praxis hier noch bereithält.

Deutlich schwieriger gestaltet sich die Eingangsseite. Wir wollen eben nicht Programme auf das Drücken des Reset-Knopfs am ATtiny hin ablaufen lassen, sondern die sollen laufend das elektrische Geschehen auf den beiden Gleisschienen beobachten und sich im Bedarfsfall angesprochen fühlen.

Da wird es schon deutlich schwieriger, überhaupt Beispiele zu finden. Niemand scheint den Bau und Betrieb selbstgebauter Lokdecoder zu deutlich niedrigen Preisen für möglich zu halten. Ein Video haben wir gefunden, wo jemand den ATtiny auf den Ethernet-Bus loslässt.

Der muss sich zunächst auf den Grundtakt einlassen. Wir kennen natürlich die Taktrate nach DCC-Norm, aber wird die auch 'in the long run' eingehalten? Schon leichte kleine Verschiebungen addieren sich. Wir müssen also irgendwo korrigieren können.

Wenn wir es aber schaffen, Signale zu empfangen und auszuwerten, dann geht das auch über Funk, zumal der ATtiny so wenig Strom verbraucht und das sich auch noch reduzieren lässt, wenn man die schnellstmögliche Taktung nicht braucht.

◨▍▏ Stichworte

▥|| Wie geht es weiter?

Abbildung 136

In der Tat, das Buch nähert sich rasant dem Ende. Aber das soll es nicht gewesen sein. Nein, ein zweites Buch ist noch nicht fertig, wenn es das denn je wird. Aber wir lassen Sie nicht los mit dem Thema Modellbau.

Wir haben ja unsere Website kfz-tech.de. Und auf der werden wir nach und nach mit weiteren Kapiteln den Baufortschritt unserer Anlage begleiten. Und Sie können daran teilhaben, sogar ohne weitere Kosten, solange wie es eine Fortsetzung dieses Buches noch nicht gibt.

Na, wie hört sich das an, eigentlich wie eine gute Betreuung von Leser/innen. Sie können weiter teilhaben. Und wenn eines Tages auch für ein zweites Buch genug beisammen ist, wird dessen im Internet zwar gelöscht, aber Sie können das Buch immerhin noch kaufen, falls Sie etwas verpasst haben.

Allerdings müssen wir pflichtgemäß darauf hinweisen, dass wir die Verpflichtung für die Links auf besonders schöne Farbbilder und hilfreiche Videos nur für ein Jahr nach Verkauf dieses Buches einhalten können. Vermutlich werden diese länger erreichbar sein, aber wir können nur diese Zeit garantieren. Also bitte, schauen Sie sich die Sachen bald an.

◨◫ Wenn Ihnen . . .

- das Buch gefallen hat, wäre es nett, wenn Sie eine Kundenrezension schreiben würden.

- das Buch nicht gefallen hat, wäre es nett, wenn Sie statt einer Kundenrezension eine E-Mail an harald.huppertz@t-online.de schreiben würden. Wir befassen uns mit der Kritik und schicken Ihnen entweder Korrekturen zu oder erklären Ihnen, warum wir auf Ihre Kritik nicht eingehen konnten, versprochen.

◨◫ Bücher Modellbau

kfz-tech.de/M1

kfz-tech.de/M2   kfz-tech.de/M3   kfz-tech.de/M4   kfz-tech.de/M5

▢||| Alle Kfz-Bücher

Wenn Sie den Text unter dem Bild in Ihren Internet-Browser eintippen, kommen Sie automatisch zu der Seite, auf der das Buch angeboten wird.

kfz-tech.de/B32	kfz-tech.de/B30	kfz-tech.de/B33	kfz-tech.de/B34
kfz-tech.de/B12	kfz-tech.de/B28	kfz-tech.de/B11	kfz-tech.de/B31
kfz-tech.de/B35	kfz-tech.de/B01	kfz-tech.de/B36	kfz-tech.de/B37

kfz-tech.de/B38

kfz-tech.de/B07

kfz-tech.de/B67

kfz-tech.de/B39

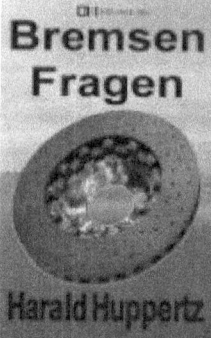

kfz-tech.de/B26

kfz-tech.de/B26

kfz-tech.de/B29

kfz-tech.de/B15

kfz-tech.de/B41

kfz-tech.de/B02

kfz-tech.de/B02

kfz-tech.de/B68

kfz-tech.de/B43

kfz-tech.de/B44

kfz-tech.de/B16

kfz-tech.de/B45

| kfz-tech.de/B27 | kfz-tech.de/B46 | kfz-tech.de/B47 | kfz-tech.de/B48 |

| kfz-tech.de/B06 | kfz-tech.de/B49 | kfz-tech.de/B50 | kfz-tech.de/B61 |

  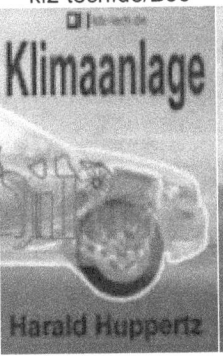 

| kfz-tech.de/B62 | kfz-tech.de/B18 | kfz-tech.de/B13 | kfz-tech.de/B14 |

| kfz-tech.de/B51 | kfz-tech.de/B52 | kfz-tech.de/B17 | kfz-tech.de/B05 |

Mathematik Formeln 2 in 1
Harald Huppertz

kfz-tech.de/B63

Mercedes
Harald Huppertz

kfz-tech.de/B53

Mobilität
Harald Huppertz

kfz-tech.de/B54

Motorsteuerung
Harald Huppertz

kfz-tech.de/B55

Motor management
1000 Fragen
Harald Huppertz

kfz-tech.de/B10

Physik
Harald Huppertz

kfz-tech.de/B56

Prüfungsaufgaben Teil 1: 1 - 1000
Harald Huppertz

kfz-tech.de/B20

Prüfungsaufgaben Teil 1: 1000-2000
Harald Huppertz

kfz-tech.de/B21

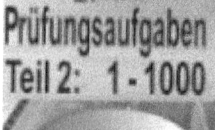

Prüfungsaufgaben Teil 2: 1 - 1000
Harald Huppertz

kfz-tech.de/B22

Prüfungsaufgaben Teil 2: 1000-2000
Harald Huppertz

kfz-tech.de/B23

Psychologie
Harald Huppertz

kfz-tech.de/B25

Reifen Felgen
Harald Huppertz

kfz-tech.de/B57

Schmierung
Harald Huppertz

kfz-tech.de/B04

Sensoren
Harald Huppertz

kfz-tech.de/B58

Software
Harald Huppertz

kfz-tech.de/B03

Telematik
Harald Huppertz

kfz-tech.de/B24

kfz-tech.de/B08   kfz-tech.de/B09   kfz-tech.de/B59   kfz-tech.de/B60

kfz-tech.de/B19   kfz-tech.de/B65   kfz-tech.de/B66

kfz-tech.de/B64